ORIGINAL POINT PSYCHOLOGY | 沅心理

正念青年

[美] 霍莉·罗杰斯（Holly Rogers）——著

苏红亦 李冉——译

The Mindful
Twenty-Something

Life Skills to Handle Stress...
and Everything Else

华龄出版社

HUALING PRESS

Title: The Mindful Twenty-Something: Life Skills to Handle Stress…and Everything Else
by Dr. Holly B. Rogers
Copyright © 2016 by Holly Rogers
This edition arranged with NEW HARBINGER PUBLICATIONS through BIG APPLE AGENCY, LABUAN, MALAYSIA.
Simplified Chinese edition copyright © 2023 by Beijing Jie Teng Culture Media Co., Ltd.
All rights reserved. Unauthorized duplication or distribution of this work constitutes copyright infringement.

北京市版权局著作权合同登记号 图字：01-2023-3119 号

图书在版编目（CIP）数据

正念青年 /（美）霍莉·罗杰斯著；苏红亦，李冉

译 . -- 北京：华龄出版社，2023.5

　　ISBN 978-7-5169-2537-9

　　Ⅰ . ①正… Ⅱ . ①霍… ②苏… ③李… Ⅲ . ①心理学

—青年读物 Ⅳ. ① B84-49

中国国家版本馆 CIP 数据核字 (2023) 第087590号

策划编辑　颉腾文化

责任编辑　田　旭　　　　　　　　　　　**责任印制**　李末圻

书　　名	正念青年				
作　　者	[美] 霍莉·罗杰斯（Holly B. Rogers）	**译　者**	苏红亦　李　冉		
出　　版	**华龄出版社** HUALING PRESS				
发　　行					
社　　址	北京市东城区安定门外大街甲 57 号	**邮　编**	100011		
发　　行	（010）58122255	**传　真**	（010）84049572		
承　　印	石家庄艺博阅印刷有限公司				
版　　次	2023 年 8 月第 1 版	**印　次**	2023 年 8 月第 1 次印刷		
规　　格	880mm×1230mm	**开　本**	1/32		
印　　张	7	**字　数**	120 千字		
书　　号	978-7-5169-2537-9				
定　　价	69.00 元				

版权所有　翻印必究

本书如有破损、缺页、装订错误，请与本社联系调换

谨以此书献给比尔（Bill）、尼克（Nick）、
威尔（Will）和玛吉·罗丝（Maggie Rose）

愿你走进正念，鲜活地做自己

自乔·卡巴金、杰克·康菲尔德、马克·威廉姆斯、斯蒂文·海斯、玛莎·林内涵等西方第一代正念导师的经典著作进入到中国读者视野至今已经过去了整整十年。

2022 年，颉腾文化寻觅到了在我看来是西方第二代正念实践、研究和分享者所著的正念书籍。第一辑五本——《正念之旅》《正念青年》《叶子轻轻飘落》《职场正念》《正念工作》，以既严谨又通俗的风格走近普罗大众，以贴近平常日子的方式为大众打开一扇正念之门。无论是忙碌的职场人，还是成长中的年轻人，抑或担当着照顾他人之责的医护人员，都可以推开这扇门，去踏上属于你的正念之旅，去做那份属于你的内在工作。

只是当你站到这扇门前，或许已经费了一番周折，有可能你亲自体验着成长中的迷惘、职场中的艰辛，或见证了他人饱受疾病之苦，而当你把目光投向一个更加广大的世界时，你可能会为人类所面临的全球变暖、能源危机、战争创伤、疾病贫穷、虐待动物等严峻现实而感到痛心和无助。而要去推开这扇门，需要有足够的好奇、力量和勇气。因为你可以从这套丛书的每一本书中获得同一个信息：正念貌似简单，但绝不容易。

当我捧读正念书籍的时候，时常会体验到阅读之美，喜悦、宁静、安住透过纸背直抵我心。你不妨也沉浸于阅读中，去体验正念阅读带给你的美好感受。当然正念不止于信息、知识、理念或某位名师的话语，正念邀请你全然地投入，去获得第一人的直接体验。在这个忙碌、喧嚣、不确定的世界中，强烈的生存本能会把我们拽入似乎无止境的自动反应中，而正念的修习可以帮助我们去培育一颗善于观察的心，去看见这份自动反应所兼具的价值和荒谬，并从中暂停，缓过神来，转身去拥抱更加明智的决定和行为。

当你阅读了这套丛书的一本或几本，你可能尝试了很多不同的练习，在垫子上，在行走中，或动或静，有时会不知如何选择。让我告诉你一个秘密：无论是什么练习，都只是在教你回到当下，并对一切体验持有一份蕴含爱意、慈悲、中正的回应。当你的生活充满着艰辛、不确定，你永远可以回到呼吸，回到鼻子底下的这一口呼吸，让呼吸带你安住在当下。当你的生活阳光明媚时，请允许自己去深深地体验幸福的滋味，并去觉察大脑的默认模式如何把你拽回到那份思前想后中。正念可以教你如何承接生命中的悲喜交集。

继续修习。一路你可能遇见不同的老师，有时也会难以做出选择。那么请审视你独特的心性和处境，看看哪位老师与你比较相应、同频，你最容易被哪位老师的工作打动，你与哪位老师的沟通最频繁，你分享哪位老师的工作最多……当然，最终你要向你内在的那位老师深深地致意、鞠躬，你只能是你。而传承和形式最终都指向一个目标：去减轻和消除苦，你的和世界的苦。或者，你即是世界。爱自己就是爱世界。你安好，世界就安好。不要去问世界需要什么，世界需要鲜活的你，所以你只管鲜活地做你自己。

20世纪六七十年代，西方当代正念大师从东方撷取瑰宝以滋养西方民众，他们满怀信心地把自己所学所修内化成西方人能够接受、乐于求证、广泛传播的方法，帮助千千万万人看清生命的真相，疗愈人类共通的悲苦。作为一个华人正念分享者，从2010年起，我有幸参与和见证华人正念主流化的进程，并接受卡巴金、康菲尔德和威廉姆斯等西方正念体系创始者的教授和鼓励。我时常比较三位老师最打动我的品质：卡巴金有着科学家的明晰有力；康菲尔德风趣诗意，是一个故事精；威廉姆斯则温暖慈悲。

我依然记得2011年11月正念减压创始人卡巴金在首

都师范大学做学术报告时他的开场："我，一个西方人，怎么可以在这里跟你们讲正念。正念是流在你们的血液里，刻在你们的骨子里的。"当我为老师做着同声翻译的时候，心里充满了感动、温暖和信心。十年间，卡巴金三次来到中国，身体力行地激励着华人正念的开展和深入。如今，正念在中国的医疗、心理、商业、教育、司法、竞技体育等领域得到了长足发展。而最早由卡巴金夫妇提出的正念养育/正念父母心的理念，经由"正念养育/正念父母心"课程的形式成了很多中国家庭在养育下一代这个奥德赛般的英雄之旅中的蓝图、工具和智慧。面对女性在中国和世界的处境，专为女性成长而设计的正念修习"Girls4Girls 为你而来"也应运而生。正念在东方复兴的今日，第一代华人正念人已然长成，开始用母语直接教授西方正念体系课程，并孜孜整合着中国元素，挖掘着正念的中国之根。我怀揣着一个殷切的期望："正念在中国继续主流化的第二个十年（2022—2031 年），愿颉腾文化发现和支持华人正念导师根植于鲜活实践的叙述。在世界正念大花园里，栽培一朵来自东方的花。"

走进正念，就是走进自己，也是走进世界！

童慧琦

正念父母心课程及"Girls4Girls 为你而来"创始人

斯坦福整合医学中心临床副教授、正念项目主任本书中包含的正念练习简单实用，对高校学生和在高等教育中从事静修工作的人来说是宝贵的资源。

——贾森·琼斯（Jason Jones）
博士，弗吉尼亚大学静修科学中心

基于古老的静修智慧、现代科学，以及作者与大学生和年轻人打交道的丰富经验，本书对于希望开始或了解更多正念练习的任何年龄段的读者来说，都是极好的资源 。

——杰夫·布兰特利（Jeff Brantley）
医学博士，杜克大学医学中心精神病学和行为科学系
助理顾问教授

通俗易懂且实用性极强，本书作者将她的专业经验和对正念练习的热爱结合在一起，能使许多人从中受益。

——莎伦·萨尔茨伯格（Sharon Salzberg），
《慈悲》(*Lovingkindness*)与《冥想的力量》(*Real Happiness*)作者

本书作者邀请年轻人以好奇和开放的心态探索正念与冥想。她以温暖、清晰、直白的语气,坦诚地讲述了我们生命短暂而宝贵的本质,并提出诸多有价值的主张。

——珍妮·马洪(Jeanne Mahon)

医学博士,哈佛大学健康中心主任

我有两个二十多岁的女儿,我很清楚她们这个年纪过得并不轻松。她们这个年龄段的心理健康问题也层出不穷。本书不仅知道很多年轻人正努力奋进,还非常关心他们需要什么。在这本书中,她提供的洞见和实用工具,将帮助塑造许多年轻人的现在和未来。

——巴里·博伊斯(Barry Boyce)

Mindful 杂志与 mindful.org 主编

本书智慧,但不晦涩。实用,且轻松愉快,鼓舞人心。

——米拉拜·布什(Mirabai Bush)

冥想与正念教师,社会冥想心理中心联合创始人与高级研究员

扎根当下，向阳生长

　　自从 2019 年教授 Koru 课程起，我一直盼望有这本书的中文版，因为这是 Koru 四周正念课程的指定读物。或许那时更多是抱着尝试的心态，未曾认真地想过由自己来翻译，只是给霍莉博士（本书作者）发邮件，请她尽快安排中文版，以便为我的教学和学员的学习提供更多便利。

　　由于 2020 年新冠疫情暴发，我计划随女儿去美国给中国留学生讲课的计划泡汤，便专注在深圳教授 Koru 正念课程。当看到越来越多的学员学习、练习正念之后发生的改变，并亲身感受到教学带给自己的启发和转化后，我认识到正念在时下充满不确定性的环境中，对每个人心理建设的重要性。为此，我更加坚定了投身于正念教学和教研的决心，在国内全力推动 Koru 正念课程的汉化。本书作为 Koru 正念课程的指定读物，正是汉化工作的一部分。

Koru 课程起源于霍莉博士在杜克大学的实践，专为二十多岁的年轻人设计开发，多年来广受藤校师生的喜爱。目前在北美和其他国家已经有近两百所高校有 Koru 认证的正念老师，常年向本校学生教授 Koru 四周正念课程，帮助学生们应对学业和生活中的压力。

我十分谨慎地根据国内本土化的需要，对课程进行了一些优化调整，并在每次课程结束后的反馈中，惊喜地看到这个面向年轻人的正念课程，同样特别适合都市里忙忙碌碌的各个年龄段的高压人群。每天只要十分钟练习，在两周到一个月之后，凡是坚持下来的学员会明显地感到自己的睡眠改善、专注力提高、焦虑减轻，以及能更好地控制自己的情绪等等。

我惊喜地看到，目前已有许多学员，把正念活在当下的品质融入自己的工作和生活中，并支持到周围人。比如有位银行高管提到，经过 100 天的习练，她感到自己对负面情绪的修复能力提高了，与家人、同事的关系变得更融洽；一位从事咨询行业的学员说，由于工作紧张，她常常思绪万千，无法让自己安静下来，经过一段时间的习练，她掌握了让大脑休息的技巧，现在很容易就能让自己静下来关注当下；还有一位学员说自己的专注力得到提高，更加热爱和享受工作。由于他是一位互联网网红，当自己的内在发生改变后，他把这种平和、接纳和专注当下的品质带入到自己分享的内容中，影响了很多人。

在忙碌中暂停下来，扎根当下，重新出发；在快要崩溃的时候，深呼吸让自己平静下来；在平凡之中，看见神奇！这便是正念在我们生活中绽放的结果。四年来的实践，数千名学员的习练和改变，证明 Koru 四周正念课程行之有效！希望它的指定读物中文版能够触达更多有缘的国内读者，帮助到更多国人。

接下来，我想分享一些在翻译过程中形成的对本书的思考和理解，或许对大家更好地使用本书有一些帮助。

（1）操作手册：这是一本四周正念学习的操作手册。我们最好准备一个月的时间来一边阅读，一边按照书中建议进行练习，并给自己一点时间"想一想"，把内容经过体验内化到经验中。

（2）平实易读：虽然这是一本源自大学校园的课程读物，但语言平实温暖，练习方法也简单易学，更像是一本休闲读物，很容易上手。

（3）带着好奇心：正念的练习方法，会帮助我们逐渐养成一种新的心理习惯和思维范式，比如，从我们惯性的负面偏好转为用更广的视角看待事物，看见负面的同时，把好的、不好不坏的方面也纳入视野。新的范式需要新的表达方式来呈现，所以本书中的一些说法可能不是我们特别熟悉的，希望我们能不时地停一停、想一想，带着好奇心来阅读。

（4）生活技能：本书介绍的正念练习方法，是应对压力和其他各种事情的生活技能，不能代替心理治疗或药物作为干预手段。

（5）思考心和觉察心：为了便于理解和掌握，本书将我们的心（Mind），分为思考心（Thinking Mind）和觉察心（Observing Mind）。这一点我特别请教过霍莉博士，她说这是她在多年教学过程中，逐渐了解到这种分类方式是学生易懂的。我们可以理解为这是心的两种能力，一种是思考力，另一种是觉察力，而正念是在训练我们的觉察力。

感谢我们所有的学员，他们真诚地参与和持续地践行，让 Koru 课程得以在中国落地生根，也启发了我对本书的理解和应用，翻译中有些表述的形成，正是受益于他们的练习和反馈。感谢颉腾文化精心策划的"走进正念书系"，将正念应用于生活、个人成长、护理和职场等不同领域的最新实践成果呈现给广大读者，利于我们每一位投入宝贵时间学习正念的人，从多维度来认识这种源自东方的修炼方式，是如何在这个时代造福更多生命的。我很荣幸地参与其中！由于我个人的局限和盲点，难免造成译文的瑕疵，还请读者给予反馈、指正，在此合十感谢。

　　本书的后期翻译工作由李冉共同参与完成，校稿工作则由禹兴一同完成。希望这两位90后年轻人的参与，能为本书带来轻松与鲜活的力量，也能让更多年轻人早一点学习到书中的方法和智慧，扎根当下，向阳生长。

Koru 正念中心大中华区正念导师

苏红亦

致中国读者

对于《正念青年》被翻译成中文并能供更多的人阅读，我感到非常荣幸。这本书旨在为那些正在寻求幸福和压力管理方法的年轻人提供指南。正念的技巧关乎于带着善意和好奇将注意力集中在当下。很多科学研究显示，正念有助于解决人们在生活中的诸多困难，包括焦虑、孤独、注意力不集中、抑郁和忧伤。它还能帮助我们在生活中收获更多快乐，并与朋友和家人建立更紧密的连接。

Koru Mindfulness 在美国已经成为向年轻人教授正念的黄金标准。这门课程现在正在全球范围内推行，并已在14 个国家培训了 1000 多名老师。随着 Koru 课程的发展，越来越多的企业和专业人士使用我们的技术来学习正念。无论是在学校还是职场，我相信《正念青年》和书中所教授的课程内容能让所有年龄和领域的人受益。

我希望这本《正念青年》的新译本能帮助中国读者理

解正念的好处，并开始养成新的习惯，从而减少压力，增加幸福感，过更有意义的生活。

在此，我特别要感谢本书的翻译苏红亦和李冉。他们二位都接受过我和我同事的正念师资培训，并对教授正念的方法有非常透彻的理解，此译本是他们智慧的结晶。希望本书的中文版本能对大家有所帮助。

霍莉·罗杰斯

2023 年 6 月

引言

让我们先从我的故事讲起，然后再说说你的故事吧。
在我 30 岁那年，生日刚过，我就独自搬到了新西兰，开
始生平第一份正式的精神科医生工作。于我而言，这是人
生的一大步，放弃了原有培训项目的保障，离开了家人和
朋友。事实证明这一步走对了，在新西兰工作的那一年，
无疑是我这辈子最珍贵的记忆之一。

临近返回美国时，我心中充满了犹疑，既思念家人，
也留恋新西兰的生活。在回北卡罗来纳州的路上，我还一
直处于焦虑与自我怀疑之中。在漫长的回程旅途中，我
偶然看到一本书，名为《佛教禅修直解》(*Mindfulness in
Plain English*)[①]（德宝法师，1996），便顺手拿了起来，因
为书名引起了我的好奇心。虽然从没听说过 Mindfulness
（正念），但坦白说，这词看上去就很简单呀。

翻着翻着，我就被书中的内容吸引住了。作者解释
说，"正念"是一种生活方式，它教你如何将更多的注意

---

① 梁国雄译，2009 年出版。——译者注

力用于感受当下的体验，而不是浪费时间去担心未来或者悔恨过去。这一方法能让人体验到极大的满足感和内心的平静，而且通过练习一种名为"正念冥想"（mindfulness meditation）的技能，任何人都能获得好的体验。

这令我着迷，迫不及待地想尝试。第一次练习，我把枕头堆在地板上，扑通倒下，开始冥想。我按照书中的指引，期待着马上就能达到心灵平静的状态。不难想象，我得到的只有失望，因为我只感觉浑身难受。

刚练正念的时候，要我坐着一动不动，看着自己思绪飘飞，实在是痛苦的折磨。直到那一刻，我才意识到我的心如此躁动，而我竟然通过这躁动的心来体验我的人生。我也没想到，自己连静坐几分钟都做不到。我可不喜欢"做不到"，于是这激发了我的斗志。

回到北卡罗来纳州后，我找到一位老师，加入了一个冥想小组，开始参加静修营。一开始特别吃力，但不久我就体验到了正念练习所带来的深刻变化：我对未来的担忧减少了，从生活的小确幸中体会到了更多的快乐，也更加明确生活中想要什么。日子久了，我便开始想，要是当年我在医学院的时候，有人教我这个方法就好了，正念练习会让我的学习生涯焕然一新。

好了。现在该讲讲你的故事了。

迈向成年的人生故事

如果你正处于 18 至 29 岁之间的年纪，即所谓"迈向成年"的人生阶段，那么这本书便是为你而写的。"迈向成年"这个词有点儿过于正式了，接下来我想用"年轻人"或者"二十多岁的年轻人"来称呼我的读者，尽管其中也包括十几岁、接近二十岁的青少年。

虽然每个人都是独一无二的个体，但如果你正处于接近二十岁或二十多岁的年纪，那么你和同龄人可能会有某些共同特质，无论你们的种族、宗教、性别、性取向或者社会经济地位存在何种差异。

如果你和大多数人差不多，那么步入成年就意味着你首次进入了可以自主决定的人生阶段。从几点上床睡觉，到钱该怎么花，统统都由你做主。通常来说，在这一阶段你会投入大量精力，去探索两大生命领域：职业规划和爱情生活。

二十多岁的年轻人，无论在经济上，还是个人生活上，大多还没有扛起所有的责任，未来也尚未定型，这意味着他们可以拥有广阔的自由探索空间。因此，这一阶段的生活是激情飞扬的，也是变化无穷的。你可能频繁更换工作、专业、室友甚至恋人。这种生活肯定非常好玩，但有时也会让人担忧。持续的变化和不确定性，会让生活变得难以掌控。凑房租、还学贷、半工半读、闹分手等，都是年轻人面临的典型压力，这些压力有时会超出他们的承受范围。

好在二十多岁的年轻人好奇心强、精力充沛、思想开放。一般来说，这个年纪的人都愿意学习新事物、接受新挑战，而且大多乐观向上，觉得自己一定能心想事成。

所以，即使不清楚你的个人故事，我也大概能够猜出，现在的你正面临诸多挑战，享受许多乐趣，偶有不知所措之时，但大体相信未来可期。而且，更重要的是，你渴望自己的生活能过得充实而有意义。

二十来岁年轻人的正念

正是由于你在二十岁左右会遇到各种变化和挑战，所以这一阶段恰恰是你学习如何正念生活的好时机。正念将培养你的自我觉察，帮助你看清生活中所有的重要选择。它有助于你调节压力，保持内心平静；它会引领你发现一天中所有的美妙时刻，不错过飞驰人生的任何点滴乐趣。

再回到我的故事，还记得我多么希望自己能早点学会正念吗？现在让我们快进几年，回到我在北卡罗来纳州达勒姆的杜克大学学生咨询中心的时候，那时我刚刚接手一份精神科医生工作。

当时的我非常激动，觉得这是个好机会，可以将自己拥有的良好正念体验分享给身边的年轻人。然而不久我便发现，理想很丰满，现实很骨感。杜克大学的学生太忙了，没有多少时间去学习新东西。此外，还有不少人怀疑，这看起来稀奇古怪的活动有什么参与的意义吗？

就这样，我花了数年的时间才终于找到合适的方法，让学生接受正念并发现它的价值和魅力。幸运的是，我遇到了志同道合的玛格丽特·梅坦（Margaret Maytan），一位在杜克大学接受培训的精神科医生，她对传授正念也很感兴趣。几年以来，我们大量吸收学生反馈、反复试验、不停纠错，终于打磨出一门既受欢迎又切实有效的正念课程。这个课程名为 Koru（音译：科鲁①），在新西兰的毛利语中，Koru 指蕨类植物新叶的螺旋形状，它象征着新的、平衡的生长。毛利人崇尚自然，对生活采取平衡的态度，与正念的许多价值观不谋而合。如今，Koru 教学遍布美国本土和海外，在撰写本书时，它是全世界唯一一门专为年轻人设计的、基于循证研究的正念课程。

---

①"科鲁"结合音译与意译而来，"鲁"取自梵文，古鲁（guru）是梵文中上师的音译，ru 为光明之意；"科"意为科学，以科学方法传承与发展现代正念。——译者注

Koru 学习者身上发生的诸多转变带给我无数惊喜，让我迫不及待地想把正念介绍给更多年轻人，让他们也能从中获益。此外，Koru 课程刚好需要一本供学生使用的教材，因此便有了这本书。①

如何使用这本书

本书的目的是鼓励你们来尝试正念。依据我的经验，从认同正念是一门有用的技能，到真正掌握并实践正念，还有相当长的一段距离，如何跨越这段距离最为棘手。本书就是帮助你们实现成功跨越的，从透彻理解正念及其价值，到定期练习并切实从中获益。

关于正念的好处，我已经暗示不少了。现在的你是不是既好奇又怀疑呢？那太好了，所有伟大的探索都是从这种心态开始的。

要想知道正念是否真的能帮到你，方法只有一个——自己试一试。本书便可作为你尝试正念的指南。

打定主意去尝试了吗？如果准备好了，我建议你按照

---

① 我的笔记本上记满了学生的正念学习故事，有的来自 Koru 课堂，有的来自其他场合。本书的故事都摘录于此，但是为了让读者以及学生本人不对号入座，书中的学生姓名和故事细节都有所改动。

以下方法来开展你的正念体验：

- 阅读本书，每天几页便可。读到标有"想一想"或"停一停"的段落时，花点时间思考一下这部分的内容，或者做一下推荐的练习。

- 选择书中的一种技能或者冥想方法，每天花十分钟时间来练习。如果其他什么都不想做，那做这一步就好。要想判断正念是否适合你，这是唯一的途径。

- 记录每天的练习情况，写下每天的体验感想。

- 每天记录两件生活中正面的或让你心怀感恩的事。（想知道为什么这么做会帮到你，请跳至第十章）

- 不要太过完美主义。如果练习过程在某天中断了，不要放弃，第二天捡起来，接着往下做就好。

- 试着保持正念来度过自己的每一天。选一项你通常会无意识进行的日常活动，如刷牙或者穿袜子，做的时候，仔细关注自己的所有感觉、想法和体验。每周选择一项不同的活动来练习，并将活动名称写下来，贴在显眼的位置以免忘记。

- 不要着急评估正念对你的好处，看完整本书后再定夺。

听起来有点细碎，不是吗？不用太担心你接下来的练习，简单点，把一个小笔记本放在醒目的地方，用它来记录你的冥想、反思和感恩的事就行。

是时候开始了

当然，你可以不做以上任何事项，只阅读这本书。它将告诉你许多关于正念的知识，以及正念可能带给你的帮助。但如果不花时间练习，你将永远无法亲身体验到任何变化。就像学习投篮、弹钢琴一样，掌握正念这项技能也需要练习。

记住，这本书不会无缘无故出现在你手上。要么是你出于好奇，自己主动拿起来，要么是你身边的人认为你需要而推荐给你。想知道正念对你是否有用吗？这就是你了解真相的机会。来吧，开始吧！现在，就是开始的大好时刻。

致
谢

在写作本书的过程中，我得到了很多睿智、慈善的人们的引导、帮助和支持。我无法一一报答所有帮助过我的人，但会永远心存感激！在此向下列人士表达谢意：

感谢杰夫·布兰特利，他是我的导师，引导我走上对Koru 的研究与推动之路，是我智慧的源泉。感谢杜克大学心理咨询服务中心的所有同事，包括支持 Koru 发展的前任和现任主任，他们给了我开展这个项目所需的时间和空间。如果没有玛格丽特·梅坦的智慧和热情，Koru 就不会存在，向她致谢！

还有那些耐心读过本书并给我建议的人，感谢他们。尤其要感谢我的好友兼本书顾问丽比·韦伯（Libby Webb）和珍妮·迪克森（Jennie Dickson），她们承担了逐字阅读手稿并为我提建议的乏味任务。

我和新先驱出版社（New Harbinger）的伙伴一起工作很愉快。感谢每位耐心的编辑。

另外，如果没有我丈夫比尔·普莱斯（Bill Price）和女儿玛吉·罗丝·普莱斯（Maggie Rose Price）耐心和热情的支持，本书是无法顺利出版的，感谢他们！

最后，我要感谢在杜克大学参与 Koru 课程的数百名学生。如果没有他们的热情参与，这一切都不可能发生，感谢大家！

——霍莉·罗杰斯

目录

第一部分

做好准备

第一章

这是你的人生，不要错过

你目前在等待什么呢？通过下次考试还是本学期的结束？期待着毕业？找到合适的工作或是赚钱？减 10 磅 ① 的体重抑或增加 200 磅的举重负重？还是找到一个完美的人生伴侣？

生命是一个奇迹，如果我们没有认识到这一点，并给予足够的重视，我们可能会错失这趟美丽星球之旅的许多精彩时刻。如果你经常有这样的想法："当我有了这些，我就会去……""当我实现财务自由，我就会去培养自己的爱好"，那么你可能习惯于把自己对此刻的投入，延迟到不确定而遥远的未来。

不是只有你一个人会这么想，几乎每个人在不同程度上都有这样的倾向，尤其是年轻人。在十几二十多岁的年

---

① 1 磅≈0.454 千克。——译者注

纪，你们的关注点在接下来的生活上，所以你们会很自然地去想未来的生活是什么样的。

即便我们现在做的大多数事情，都在为我们的未来做准备，但你宝贵的生命正活在此时此刻。有一位学员曾经说过："如果我此刻没有真正地活在当下，那我怎么知道自己将来就会做到呢？"

我们当中许多人都认为，只有当外在条件达到某种我们想要的标准之后，我们才能放松和享受。比如说，事业、工作、关系、财务自由等。如果你也是这么认为的，那请你停下来质疑一下这个想法。显而易见，我们理想中的"那个"未来，似乎从来没有出现，我们似乎总是有一件事情没有完成，总是有一个心愿没有实现。我们和"那里"之间，总有一件未尽事宜。

其实，外在因素对你幸福的影响并没有你想象中那么大。我们都会认为，如果我们有了马甲线、理想的爱人、更多的财富、更大的房子、聪明伶俐的孩子，我们就会幸福。但是，这种幸福会持续多久呢？

外在的成就只能令我们短暂满足，因为它不是决定我们幸福的主要因素。事实上，外在因素对我们的幸福指数的影响很小。相反，我们如何思考、如何投入到眼下发生的事情上，才是关键，它决定我们对生活感到满意还是痛苦。认识到这一点，就有可能让你的生活发生翻天覆地的改变。

你可能认识某个人（或者这个人就是你），他好像已经拥有了你想要的一切，但仍感到痛苦，担心自己的命运。我们也都听说过某些富豪自杀，尽管他们已经可以享受这世间的一切，但还是因极度绝望而结束了自己的生命。相反，我们也都听说过有些人尝尽人间疾苦，却能知足常乐。

几天前，我听说了住在美国的一位难民的故事。他的国家已被战争摧毁，他是家族里唯一存活的人。他靠每天为别人擦皮鞋维持生计，生活相当贫穷。但他因为拥有这份工作感到骄傲，非常真诚地服务每一位顾客。这个故事渐渐传开，人们被他的精神所打动，因为他经历了如此不幸的遭遇，又身处艰难环境之中，却依然能够快乐而正直地生活。

当然，我们必须承认，在这个世界上，有一些人的生活环境非常严峻。我们并不是想轻视因权力滥用、偏见、压迫和贫穷而造成的痛苦。显然，如果我们对那些受到不公正对待的人说，你应该改变自己的态度，而不用去设法解决问题，这是非常荒谬的。但同时，我们也要知道，几乎所有的痛苦都可以通过我们的内在转化方式，得到不同程度的消解。正念可以让你做到这种内在的转化。

正念促成内在成长

正念是带着关怀和好奇关注当下体验的行为。让你的注意力全然在当下，而不是在回想过去或担忧未来。这样做的目的是完全投入到你此时此刻的生命中，同时尽可能养成一种友善和关爱的态度。

正念作为管理痛苦的方法，至少在 2500 年前就已经存在了。当时佛陀在寻求觉醒的过程中，发现了正念的力量。直到近些年，这个方法才在西方广泛传播开来。

正念可以帮你开发出持续快乐的内在状态，这样在面对外在不断地改变时，你就不会感到脆弱。无论你遇到什么样的状况，依然可以保持内在的平静。

想一想

平静，并不是指身处一个没有噪声、没有麻烦、不需要努力工作的地方，而是置身事内，内在依然平静。

——佚名

告别身心分离的人生

目前，有大量可靠的科学研究证明：学会不加评判地专注于当下，可以对你的生活（从有效提升工作专注力到管理你的情绪）产生非常多的积极影响。不仅如此，它还可以增强你感受积极情绪的能力，诸如感受到幸福、慈爱、敬畏和感恩。

在医疗领域，正念已经被证实可以改善以下疾病的症状：饮食失调、多动症、慢性疼痛、抑郁症、高血压、心脏疾病、焦虑症、药物滥用、上瘾症。几乎所有和压力相关的症状，都可以通过有规律的正念练习得以改善。不但如此，正念还可以改善睡眠、提高学习成绩、改善记忆力、增强内分泌功能、减轻压力。

乍一看，仅仅通过改变你的注意力就可以影响你的身体，包括你的大脑和神经系统，这似乎有些令人惊讶。但事实上，身与心是不分离的。身就是心，心就是身。它们是随着我们生命的舞动，不断地聚合、分离的分子运动而已。你所感受到的每一个念头（我想在我开始工作之前再看一集电视剧）和情绪（由堵车引发的烦躁），都是由你大脑内神经细胞的化学变化而引起的，同时产生你身体上所体验到的念头和情绪的变化。

通过控制注意力的方向来转化念头，与充满大脑的神经元放电反应互为因果，对你的神经系统及全身产生了广泛的影响。只需要把注意力放在如何集中本身，就可以影响到内分泌反应的稳定性，以及大脑特定区域的大小。

科学笔记：如果你不相信改变想法可以带来具体的身体变化，那么当你听说男人仅仅通过改变想法，就能让胡子长得更快时，一定会惊讶。这件事要追溯到 20 世纪，准确地说是 1970 年，一位匿名科学家在《自然》（*Nature*）杂志上发表了他的一项研究，表明仅需要想到性，男人的胡子就能长得更快。显然，他是一位有大把时间、满脑子都是性的科学家。当时他独自一人生活在岛上，每逢周末，他会回到陆地上和女伴在一起。他留意到，每到周五，他开始期待周末性生活的快感时，他的胡子就会长得更快。

我猜这位科学家有强迫症倾向，因为他称量每天剃下来的胡须重量，并用曲线图来记录。结果非常明显，在他有性生活的那几天及前一天，他的胡子的量明显增多。最让人大跌眼镜的是，在他有性生活的前一天，仅仅通过想象，他的胡子的量反而是最多的。可以推测出来，增加的胡子的量，受男性荷尔蒙增多影响。当男人性活跃的时候，荷尔蒙增多，荷尔蒙增多时，胡子就会长得更快。

这是我们的想法能为身体带来可衡量的改变的完美例证。

有关正念的几个要点

关于正念的以下几点，我觉得也许对你有所帮助，所以会在接下来学习的过程中不断回顾。正念既简单又复杂，有些内容我会反复来讲。所以不用担心这几点你能否马上理解。列出这几点，只是想让大家了解正念练习的范畴，以及养成正念生活方式能带来的广泛影响。

一个新视角：从本质上来说，正念练习是在学习一种体验生活的新方法，从体验内在想法、情绪、感觉，到体验外在的关系、成就、得失、天气等。

持续练习：正念在某种程度上是一项实践，因为它需要不断练习。你练得越多，它就越能在你的生活中发挥作用。有许多正念练习的方法，但所有方法无外乎都是留出安静的时间，培养出把你注意力投放到当下体验中的技能。这种静修的方法，就是典型的冥想。当然，你可以用任何你喜欢的叫法称呼它。

不评判：正念练习的关键部分，就是学会觉察当下的发生，而不下意识地去评判，或归类好坏、对错。一旦你开始擅长在觉察时将评判的滤镜拿掉，你的生活体验会变得更加准确和清晰。

觉察心：学会这种看待事物的方式，需要培养我们的觉察心，这是另一种心的能力，觉察心看着念头和反应的发生，而不去过多地促成它们发生。

洞察：通过正念练习，你会对生命运作的方式有新的认识。你会发现自身的价值和意义。这些洞察将引导你在生活的方方面面做出选择，从花时间和谁在一起，到如何开展你的工作。

正念不是……

这里有几个正念不是什么的要点。

正念不是宗教

正念和冥想往往是与灵性和宗教修行相关的，但它本身并不是宗教。虽然从历史和哲学的本源上，它来源于佛教，但正念冥想只反映了佛教很小的一部分。佛教是古老而复杂的宗教和哲学，而学习正念，既不需要也不足以让你成为佛教徒。相反，佛教徒也并不一定都需要将正念融入生活中。

有些时候，正念初学者会担心练习正念与他们个人灵性修炼和信仰体系相冲突。在我的经验里，这种情况不会发生。事实上，大多数的信仰传统本身就有类似于正念冥想的祷告和冥想。许多人发现，正念冥想增强了他们个人的信仰。在过去二十年左右在杜克大学教授正念的经历中，我有幸听过来自几乎所有信仰背景的学生将正念融入信仰习练的过程。

想一想 ————————————————————————

> 当我们认同我们的共性时，也要同时允许我们的差异。
>
> —— 奥德雷·洛德（Audre Lorde）

正念不是包治百病的灵丹妙药

坦诚地说，目前有一些关于正念的高调宣传。有时容易给人造成夸大的印象，似乎正念可以解决你生活中所有的问题，并终结你所有的痛苦。我也希望这是真的，但事实并非如此。因为你是人类，不论你多么勤奋地做正念练习，你始终会面临各种各样的问题，包括每个人都要面对的生老病死。还有诸如航班延误、工作不顺、汽车故障、财务困境、和爱人的争吵等。

正念不会消除你生活中的问题，但它可以减少问题的破坏性。正念教会你面对人生中不可避免的起伏，能帮助你增强韧性，让你稳步前行。现在，你或许对正念是如何起作用的有些费解，不用急，当你自己有一些正念体验的时候，就会明白。现在，请想一想，你是否对这一切保持开放的态度，并愿意尝试，看看会发生什么。

做出选择

接下来你会如何选择？你想成为谁？日复一日，想着自己还没得到的东西，直到某一刻才悔不当初？或者全然地敞开自己、体验当下每一刻的神奇，不论好的、坏的还是一般的？如果你选择为自己设立一个目标——活在当下，那么就和我一起踏上这趟正念之旅吧。

第
二
章

我真的一定要冥想吗

你非要冥想不可吗？是的，原因在于：正念是一种生活态度，是一种特别的生活方式。在某种程度上，正念也是一种技能，就像玩杂要或者吹笛子。它不是生下来就会的能力。每个人都能做到，但是需要经过练习，而冥想就是你练习正念的方式。

在现代社会，我们生活的文化崇尚一心多用和快速切换注意力，这与正念相悖。想带着耐心和好奇把注意力聚焦在一件事上，并不容易。你可能会想东想西：这不是我的菜，或者这真是太讨厌了，白白浪费时间。如果你把这些念头当真，就很有可能会中断带来伟大正念觉察的过程。

然而，通过练习，你能学会留意这些类似的念头，并不被干扰。你会明白，念头只是你内心产生的词语或图像，用来反映你那一刻的不安。它们所表达的并不是冥想的价值，或是你冥想能力的真相。

冥想是大脑的锻炼

虽然训练大脑和训练身体一样重要，但大多数人认识不到这一点。就像你每天跑三英里 ①，就会跑得越来越快；每天练习举重，就会变得越来越强壮。通过练习冥想，你会变得越来越正念。通常我们把冥想练习比作是"正念肌肉塑形"。大多数年轻人每周都愿意花上几个小时，来锻炼出更有型的身材。是否也值得花一点时间，来锻炼出一个更有型的心灵呢？

试想一下，如果我跟你说，你只要能推举200磅的重量，我就给你100万美元，你会是什么反应？你难道会说："我哪有那个力气？"虽然你需要积累极大的练习量，才能达到这个量级的目标，但你很可能立马开始行动了。当然，你不会试图从200磅开始举起，你应该会从20磅或50磅起步，然后慢慢依照自己的情况来逐步增加重量。

这和正念练习一模一样。最轻量级的正念练习就是几

---

① 1 英里 ≈ 1609.344 米。——译者注

分钟的冥想，只需要一个安静的地方、坐在一张舒服的椅子上。稍微"加重量"的话，就是把时间拉长一些，或者椅子没那么舒服、周围没那么安静。

我们从小重量开始练起，当遇到生活中不可避免的重压时，我们就有足够的准备来应对。每个人可承受的重量是不同的，不过诸如重要的考试失利、与难缠的老板打交道，或者是与朋友和家人的纷争，感觉会像是 200 磅的情绪负重。随着正念技能的发展，这些情形会变得没那么有压力，也会比较容易被"推举"起来。

科学笔记：幸运的是，感受到冥想的好处，所需时间并不太长。我们为杜克大学研发的 Koru 冥想课为期四周。每天十分钟的正念练习，就能给学生的生活带来明显的改变。正念帮助他们改善睡眠、缓解压力、提升觉察力，同时对自己也变得更加友善。因此，在几周的时间里，每天只要几分钟练习，就能带来有益的改变。听上去可行，不是吗？

冥想不是什么难事

好消息是，冥想确实不是什么难事。奇怪的是，冥想这个词让不同的人反应差异巨大，部分原因是有些人对冥想所涉及的内容有误解。不论你认为这听上去是无聊还是有吸引力，充满异域风情还是平平无奇，你都可以带着好奇心来试一下。

观呼吸练习

不论你当下在哪里，请阅读以下冥想引导词，并跟着一起做。

关注公众号，回复"dlyp"，免费获取本书练习音频

闭上眼睛。把注意力带到你的呼吸上，试着在你的身体里找到最能清晰地感受呼吸出入的部位。你可能会在你的鼻尖、腹部或胸腔的起伏中感受到你的呼吸。你在哪个部位感受到呼吸并不是重点，此处没有所谓"正确"的地方。

找到了吗？好的。现在把你的注意力放在那个部位，观察它随着你呼吸的出入而起伏。请放松并怀着好奇心，数十次呼吸。不要试图改变或控制你的呼吸。你不需要做任何特别的或花哨的呼吸，就仅仅只是数十次吸气和呼气而已。

你可能会留意到你的心思很快就飘走了，可能在第一次呼吸结束之前就已经跑了。当这种情况发生的时候，不去评判自己和自己飘走的心，只是将你的注意力带回到你的呼吸上。在你数完十次呼吸之后停下来。

你看怎么样？你刚刚已经完成了大约一分钟的冥想。有感到不愉快或者特别奇怪吗？把这个再做上九分钟，你就已经完成了我准备鼓励你每天需要进行的冥想的总量。

你刚刚做的就是观呼吸的冥想，这是一个非常普遍的冥想方法。因为呼吸总是在当下发生并随时在变动着，它为你的注意力提供了完美的焦点。观呼吸绝不是唯一的冥想方法，但它是最普遍又容易开始的一个方式。在你通读这本书的过程中，你会学到其他类型的方法。

练习提示： 冥想的时候找到合适的姿势是很重要的，懒散的姿态很难保持醒觉。如果你坐在椅子上，请选椅背垂直的椅子而不是躺椅。如果你坐在地板上的冥想垫上，请确保你的坐垫比地面高出几英寸[①]，这样当你盘腿的时候，你的骨盆向前下方倾斜，这是最安稳和舒适的姿势。

你可以坐在地板上的垫子或是椅子上，后背挺直，头顶朝上。双手舒舒服服地放在大腿上。

将你的两只耳朵和肩膀保持在一条线上，下巴微收，放松肩膀。因为是笔直地坐着，不喜欢变得僵硬和不舒服的你，会时不时地想要摆动。不过身体摆动难免会造成内心摆动，这可不是冥想的目标。

---

① 1英寸≈2.54厘米。——译者注。

目的何在

杰琦（Jackie）是一个用功的好学生。她在第二堂 Koru 正念课上提出了一个最常被问到的问题："我冥想的目的是什么？"当你坐下来冥想的时候，你需要知道你在试图完成什么，对吗？

当你开展正念练习的时候，有两个层面的目的需要考量。首先是驱动你起初进行冥想的宏观的人生目标。这类目标通常是想要更有效地管理压力，或找到更好的应对身体或情绪方面挑战的方法。

第二个是你坐下来冥想，就立刻能实现的微观目标。在冥想的过程中，你想设法实现什么呢？这个当下的目标是我最常被问到的，所以我会尽最大努力给你一个直接的答案。

你在冥想过程中要达到的目标，就是通过将你的觉知保持在呼吸的感受或其他感官的体验上，从而非常纯粹地安住当下。安住当下能创造产生稳定专注力的条件，基于这样的专注力，可以使你觉察到自己的想法和情绪，而不是陷入其中或对它们作出反应。当你达到这个程度的觉知时，你会体验到一种难以描述且引人入胜的状态，一种趋近于极大满足甚至喜乐的状态。在这样的状态里，有一种可以包容一切的宽广。尽管你的反应度变低，但感受依然鲜明，没有丝毫麻木的感觉。一切似乎变得生动起来。通常，这里包含一种很深的幸福感，也会产生一种强有力的与他人的联结感，慈悲的感受会自然而然地升起。

坦白地说，你不太可能仅通过十分钟的冥想就完全获得这样的体验。这种类型的专注状态通常要花上更多的时间来培养，它需要相当多的练习。在你塑造正念肌肉时，初期可能会有这样短暂的体验。虽说的确无法让这样的状态强制发生，但如果你愿意花上更多的时间来练习，你安住于这种意识空间的能力就会提高。

现在先忘掉所有这些喜乐状态，否则你将永远无法达到这种状态，你无法通过努力而迫使这样的意识层次向你打开。实际上，只是认可通过冥想实现喜乐意识状态的目的，我可能就要被"冥想老师协会"除名。为什么？因为如实地接纳每一时刻不强求，正是正念冥想的最基本要素。

不强求是冥想的根基。这似乎不合逻辑，但有关这项练习的基本真相就是，你只有通过不执着于取得这些特定的状态，才能达到这些状态。你所能做的一切就是创造条件允许这种心境得以发展，你所要做的就是完完全全地安住于当下。在你完全接受当下心境的时候，心境才会发生改变。这没有捷径，也别无他法。

由此来看，你打坐的目的是什么呢？就是放下目的，带着好奇心，完全安住于当下的每一刻。

与奔腾不息的思绪河流共处

为了避免被搞晕，你需要了解另一件与冥想相关的事：冥想不是为了阻断你的想法。"我无法阻止我的想法"，如果每次我的学生这么说我就可以得到五分钱的话，我现在可能是个富翁了。如果你试图阻断你的想法，你会发现办不到，并且你会开始憎恨这种做法，然后放弃。因此，不要这么做。

我们的大脑会产生各种想法，而且它会一直这样运作，直到你死去。因此，你需要做的，不是试图通过冥想来阻止念头，而是尝试改变你和念头之间的关系。

你的心是一条思绪奔腾的河流，河流从来不会停止流动，但它一直在改变。有的时候，它浪花飞溅，有的时候，它静水流淌。当你冥想的时候，你不是要试图去阻断河流，从而阻断念头。你只是在试图穿过水流，而不至于被淹没。

冥想就是爬上岸来观察河流。大多数人还没完成一次完整的呼吸，就掉进了思绪的河流，而正念的练习就是把落入河中的自己捞起来。你很快就会发现，带着好奇和耐心坐在岸边观察河流，与身处河流当中、被水流困住是非常不同的。

如果你坚持练习，你会对你个人的河流变得熟悉起来。你会发现一些念头一次次地出现在思绪的旋涡中。你也会看到一些意想不到的小浪花，竟然也存在于河流之中。你可能会注意到，有的时候河流会稍微变缓，然后你可以比较舒服地坐在岸边。久而久之，你可能发现这一切开始变得有点意思。因此，当你再一次观察到"我无法阻止我的念头"流过时，就只是待在岸边，让它顺流而下吧。

现在就开始冥想吧

如果你真的想要培养出正念生活的能力，就需要定期地进行冥想。现在，我请你来做前面介绍过的观呼吸练习。在你的手机或其他设备上设定你的计时器，然后练习将你的注意力专注在呼吸上，并保持十分钟。你可能会发现，这其实就是在练习聚焦你的注意力，并一次又一次将它们带回到某一点的意愿。虽然这很简单，但并不容易，这也是它需要被练习的原因，开始练习的最佳时机就是现在。

第二部分

准备开始

第三章

正念带来平和与专注

在这一章里，我会向你介绍本书的第一套正念技术。如果你已经读到这里，一定有什么地方是让你感兴趣的。可能因为我是一个很有说服力的作者，我的写作引人入胜，虽然我认为这种可能性不是很大。如果你像大多数来学习 Koru 正念的人一样，你的动力很可能源于生活中使你疲惫不堪的各种压力。

在我的经验中，压力导致的问题会以各种形式显现出来。举例来说，阿莫（Amir）感到紧张，还睡不着觉。因为晚上无法停止思考，他经常感到疲倦且身体疼痛。燕（Yan）因为经常焦虑而筋疲力尽。她时时刻刻都在做计划，她会想象每一个可能出现的意外，以及如何去防止，或者处理每一个她想象出来的情景。丹（Dan）经常感到孤独和无聊，觉得自己每天就像一个仓鼠在滚轮里原地跑步；他说他只有在喝醉或兴奋的时候才感到有"乐趣"。凯卓娅（Keandra）说她感到有压力的时候容易发火，而且会不耐烦地斥责朋友。

停一停 ────────────

一般来讲，你的压力是如何表现出来的？你是否会出现以上描述的状态，或者有其他不同的压力反应方式？在你的压力值飙高之前，请留意你身体发出的信号。觉察你个人压力的危险信号，可以提示你有意识地去减压，从而避免被压力淹没。

呼吸与身体感觉的觉知

考虑到大家来练习正念的主要动力来源是压力、焦虑以及对生活的不满，所以最好直接从应对这些挑战的练习开始。这一章讲到的正念技术能帮助你平静下来，然后聚焦你的注意力。

接下来的三个觉知练习，通过塑造你的正念肌肉来帮你管理压力。在未来的几天里，试着将每个练习都做几遍，然后看看你有什么想法。我希望你会尝试这本书里介绍的所有正念技术和正念冥想方法，这样当你看完本书的时候，就会筛选出几个对你特别有效的方法。

觉知练习 1：身心平和的腹式呼吸

横膈膜是将胸腔与腹腔分隔开的肌肉。当你收缩横膈膜时，它向下移动，张开你的腹部，并把氧气带入肺部。如果你像撑起袋子那样，让你的腹部鼓起，你就是在运用你的横膈膜。当你收缩横膈膜进行呼吸时，就被称为横膈膜呼吸，或腹式呼吸。

这种呼吸方式，用横膈膜而不是胸部的肌肉来扩张肺，把空气吸入身体，能给你的身体带来一种自然而然的平静反应。当你进行腹式呼吸时，你的副交感神经系统将被激活，这是你神经系统的一部分，它能减缓心率并降低血压，从而让你平静下来。因此，当你感到倍受压力、紧张、难以平静或入眠时，腹式呼吸会帮助到你。

许多人是天然的胸式呼吸者，他们通常通过胸壁的肌肉抬高肋骨，使肺部充气来呼吸。如果你是一个自然的胸式呼吸者，刚开始进行腹式呼吸可能有点困难，但通过练习你会掌握窍门。

要学习腹式呼吸法，你首先要学会用腹部呼吸。躺下时是最容易用腹部呼吸的，一旦你掌握了窍门，你也可以坐着或站着去做。首先仔细阅读下列说明，熟悉流程，然后在你练习的时候，找一个舒适的地方躺下。

腹式呼吸练习

关注公众号，回复"dlyp"，
免费获取本书练习音频

平躺在地板上或床上。一只手放在腹部，一只手放在胸前，呼吸。注意你的手，看看当你呼吸的时候，你是否能觉察到哪只手起伏得更多。当你吸气时，是肚子上的手向天花板升起，还是胸部的手向上升起？如果是放在胸部的手移动得更多，那你很可能是一位自然的胸式呼吸者。如果你放在腹部的手移动得更明显，则更可能是自然的腹式呼吸者。但这并不是重点，如果你是一个胸式呼吸者，当你学习这项新技能时，可能需要对自己更有耐心一些。

一旦你清楚地知道自己之前一直在做胸式呼吸，就可以开始尝试改变自己的呼吸方式，这样当你吸气时，你腹部之上的手会上升多一些。当你呼气释放时，腹部的手会下沉。当你的腹式呼吸越来越熟练时，你会注意到放在胸部的手比在腹部上的手更静止些，你放在腹部上的手随着呼吸，会轻轻地上下移动。

一旦你认为已经学会了如何通过扩展腹部来吸气，就可以正式开始练习。练习时仍然保持躺着的姿势，双手放在腹部，如果你喜欢，可以闭上眼睛。让你的注意力停留在放于腹部的手上，并在呼吸时感受它上下移动。当你呼吸时，想象你的腹部是一个充满空气的气球。

你的大脑可能在几次呼吸后就会走神，这很正常，没什么大不了的。当你注意到自己走神时，就把注意力带回到放在腹部的手的感觉上，不去评判或责备自己。继续练习吸气时，向着天花板将腹部隆起，呼气的时候让它下沉。

当你觉得你开始掌握窍门，试试每次呼与吸都慢慢数到三，来加深你的呼吸。几分钟后，再次尝试慢慢加深你的呼吸。继续以这种方式进行大约十分钟。

如果你在睡前练习腹式呼吸，可能会发现你在十分钟的练习结束前就睡着了，不要为此烦恼。相反，你现在掌握了一项放松身体，平息念头，且能让你入睡的技能，这是结束一天的好方法。

一旦你掌握了腹式呼吸的窍门，就可以随时随地进行练习。我的学员经常告诉我，当他们参加考试或等待考试开始时，会去做腹式呼吸，来纾解考试前的紧张情绪。从学校或公司乘车回家的路上，也可以练习这个让自己放松的呼吸法，这样可以释放一天忙碌所积累的压力。很多人都告诉我，在一次重要的面试前，腹式呼吸可以帮助他们保持冷静和专注，这样他们就能表现得更好。

练习提示： 感觉腹式呼吸很难吗？躺在地板上，把一个纸巾盒放在腹部。当你吸气时，集中精力把纸巾盒推向天花板；缓缓地吸气，看看你能让它升到多高；当你呼气时，感受它慢慢下沉。

觉知练习 2：帮你清除杂念和提神的动力呼吸

你需要在清醒的状态下，才能完成一个项目对吗？你是否感到一种令人窒息的紧张和焦虑，使你无法静静地坐着，去觉察你的呼吸？接下来的正念技术，称为动力呼吸。当你累了，需要重新恢复体力，或非常焦虑，需要重新集中精力时，它能帮到你。

这是一种看上去略显奇怪的练习方法，你需要准备忍受几分钟，让你自己看起来像拍打着翅膀的野鸡，这样才能从中受益。请不要认为你无法掌握这个方法，一开始我也曾这样想过，如果不是 Koru 联合开发人玛格丽特·梅坦坚持认为它非常有帮助，我就会错过这个极其有用的方法了。

动力呼吸是一种快速、深入又充满活力的呼吸方式，站起来，通过鼻子快速而深入地呼吸。呼吸时闭上嘴，以避免换气过度。

仅仅通过阅读来学习这个技能有点难，但我会尽力在下面讲清楚。

动力呼吸练习

首先站起来，练习通过鼻子进行快速的深呼吸。当你习惯这种呼

关注公众号，回复"dlyp"，免费获取本书练习音频

吸时，它可能有助于你把注意力放在呼气上。当你掌握了呼吸窍门，再加上手臂动作。将手肘弯曲放在身体两侧，像风箱一样上下摆动（或像拍打翅膀），让空气进出你的肺部。你呼气时，手臂向下摆动到肋骨的位置；吸气的时候向上抬起。手臂用力地快速摆动，而不是松松垮垮地拍打，由此你看起来会像一只激动的小鸡——因此这项技术的另一个名字叫小鸡呼吸。

为了变得更有活力，再加上腿部动作。随着呼吸屈伸膝盖。呼气时膝盖弯曲，吸气时膝盖伸直。

这项练习需要身心多方位协调才能完成。慢慢来，直到你都弄明白。当你觉得自己已经能驾驭它时，逐渐加快节奏，直到你的动作活跃起来。吸气和呼气，摆动你的胳膊和腿，你会热起来，脉搏也会加快。如果你感到头昏眼

花，就慢下来（请确保你的嘴是闭着的）。如果你开始感到头晕，那就停止。练习几分钟，放一些有趣的鼓点音乐，来帮助你更深地沉浸其中。

停下来后，把你的注意力集中几秒，放在身体的感觉上。你注意到了什么？你现在的精力如何？

这是一个很好的正念练习，当你忙于协调动力呼吸的所有组成部分时，很难去担心其他事。当你需要一个超强的锚定点，把注意力保持在当下的时候，动力呼吸是你的首选正念技术。

同学们告诉我，当他们在深夜赶论文的时候，练习动力呼吸比喝咖啡效果更好，动力呼吸既能唤醒你，又能让你平静下来。并且当你完成功课后可以很容易地入睡，不会像喝了咖啡那样，虽然提神但无法入睡。

所以你现在了解了两种呼吸练习：腹式呼吸帮你放松身体，平息和安顿你的心念；动力呼吸帮你提神，在你处于高压状态时清理你的大脑。

觉知练习3：注意力保持在当下的身体扫描练习

当你开始学习以一种不加评判的方式，将觉知集中在当下时，身体扫描是一项很好的正念练习。在这项冥想练习中，需要你把注意力集中到身体的感觉上，利用这些感觉，把你的觉知"锚定"在当下的体验上。

如果你和绝大多数人一样，那么你会发现，你的大脑经常离开你的锚定点，这个锚定点也被称为冥想对象。看看你能否注意到你的心何时游荡，而不去评判你自己或你的能力，轻轻地把你的注意力，带回身体的感觉上。

请记住，思考是心的本能，你并不是在试图阻止心的思考。你只是在训练你的心保持在当下，注意它什么时候在游荡，然后轻轻地把它带回来。

身体扫描练习

首先，找一个舒适的冥想姿势，坐在椅子上，或躺在地板上。
提示：躺下做身体扫描容易睡着，

关注公众号，回复"dlyp"，
免费获取本书练习音频

所以如果你想保持清醒，可以找一把椅子，让自己舒适地坐直，双脚踩在地面上。两只手放在膝盖上，闭上眼睛。看看是否能在保持脊柱正直的同时，让它周围的肌肉处于放松的状态。

开始时，将你的觉知带到你的脚底，觉察你的脚底与地面接触的感觉。你可能会注意到脚与地面接触的部位有一些轻微的压力，你或许会注意到袜子与你皮肤接触的感觉。你可能注意到有刺痛感，或是一些其他的感觉，也有可能没什么感觉。不论你注意到什么，都是可以的。你不是在尝试改变什么，而是去看此刻实际发生着什么。

当你继续留意脚上感觉的时候，你可以把觉知带到你呼吸的流动上。如果可以的话，请想象你正在经由你的脚底呼吸。

每一次吸气的时候，明晰你的觉察；每一次呼气的时候，将压力和紧绷从你的脚底呼出去。吸气，集中注意力；呼气，释放压力。

过一分钟左右，将你的觉知带到你的小腿。带着好奇心留意一下，你的小腿有什么感觉。你能感受到裤子或是袜子与皮肤接触的感觉吗？你能感受到腿部的脉动或是刺痛感吗？请想象你的呼吸正在经由你小腿部位的肌肉吸进、呼出，每一次吸气，注意力聚焦在感觉上；每一次呼气，释放紧绷和压力。

如果你走神了，看看你是否可以注意到这一点，而不去评判自己。当你觉察到自己走神的那个时刻，你的心正在以它最清晰和自然的样子呈现它的本貌，然后又一个接一个地冒出其他念头。

过一分钟左右，将你的觉知带到你的大腿。再一次，留意当下这个部位的所有感觉，如果你觉得有帮助的话，请想象自己的呼吸正在经过你大腿的肌肉吸进、呼出，呼气的时候舒缓和释放压力；吸气的时候聚焦你的觉察。

继续缓慢地用同样的方式向上扫描你的身体，在每一个部位都花几分钟的时间停留一会儿。在扫描完大腿之后，你可以留意到你放在大腿上的双手，手臂、你的后背和肩膀、颈部、下颚、眼睛周围的肌肉，还有你的前额。根据你自己想冥想的时间，可以选择扫描多几个部位，或少几个部位，在每个位置只停留几分钟就可以。吸气、呼气，同时注意那个部位的感受。

在结束前，请花一点时间，用你的觉察将身体从头到脚扫描一遍。如果你留意到有压力和紧绷的部位，让你的觉知在那里停留一会儿，并经由那里吸气呼气，观察那里的感受。如果你发现自己走神了，只保持觉察就好。让自己成为一个充满好奇的科学家，来探究念头是如何流动的，而不是一个严厉的监狱长，鞭打那个想从盒子里跑出来的自己。

最后，将你的注意力放在你的呼吸上，慢慢地做两到三个深呼吸，同时觉察你的感受，然后轻轻地睁开眼睛。起身之前，花一点时间，以自己感到舒服的方式伸展你的身体。

你的日常习练

你现在有四种方法可以练习：腹式呼吸，动力呼吸，身体扫描，以及你在第二章中学到的简单观呼吸练习。每天至少用其中一种方法练习十分钟，如果你做动力呼吸，可以只做几分钟，然后再做几分钟其他练习。

请记住，这本书是为了帮助你通过个人尝试来了解正念的好处。正如引言中所述，有一些要点能帮你从个人正念尝试中获得最大的好处，如果你现在忘记了，可以回到引言去看一看。

在接下来的几章中，你将继续了解如何处理评判和保持当下的觉知。你正念肌肉练得越发达，对这些概念就会愈发感觉真实和有意义。所以现在带着你的觉察，去正念健身房，练习你的正念技术吧。

第四章

评判驾到

你可能还记得，我讲过有关正念的两个主张。第一个主张是关于聚焦你的注意力，并尽你所能地处于当下。第二个主张是关于培养某种特定的态度，一种不评判的态度。为了获得正念的全部好处，我们必须把一种平和的好奇心、不加苛责和评判的态度，带到当下的觉察中。在这一章中，我们将了解更多关于如何与我们产生评判的心共处的内容。

陷入评判的牢笼

大多数人都有一种心理习惯，就是下意识地将他们的经历分为好、坏和不好不坏的。甚至在没有觉察的情况下，你可能会习惯性地评估和确定你所遇到的几乎所有事物、人、经历的价值。这些自动的评估和假设，是我们一些最无意义的偏见、刻板印象和自我设限的核心。正念练习可以让我们开始注意到所有这些评估，这样我们就可以不被它们所控制。这就是培养不评判态度的意义。

所有这些评判的问题在于，它限制了我们。我们通常不会注意到它们，而它们就像未被察觉并持续运行的后台程序，在没有被我们意识到或同意的情况下控制着我们。这有点像在电影《黑客帝国》中，人们生活在一个巨大的网络中，无法看到自己经历的真相。

任何一个未经审视的评判或假设，都是给自己设立的樊笼。如果你总觉得，我在这方面糟透了，或者我做不到，那么你就不会尝试，也不会成长。如果你总觉得，他是一个彻底的失败者，或者她不是我喜欢的类型，那么你就限制了你生活中的关系。如果你总觉得，她是唯一一会永远爱我的人，或者他是唯一能让我快乐的人，那么当你应该放手的时候，你就会陷入困境。每一个评判都是你对自己或他人的限制。一旦你看到这个真相，你就会开始打破你的樊笼。在冥想过程中学习观察和放下评判，预示着你将在生活中的其他时刻，看到那些限制你的评判。

臆想把我们束缚在过去，模糊了当下，限制了我们对可能性的感知，驱散了我们的快乐。

—— 莎伦·萨尔茨伯格

评判风浪无意义

有时，我们会评判自己处于一些不愉快的情绪中，比如嫉妒或愤怒。这种评判只会激起另一种令人讨厌的情绪——内疚，进入我们浓烈的情绪池。问题是，我们心中的情绪就像水中的波浪。产生波浪是水的本性。根据天气的不同，可能巨浪滔天，也可能微泛涟漪，但浪一直都在。你不会批评水制造了波浪，因此，也没有必要批评你的心做它自己要做的事。

发现评判

培养非评判态度的第一步，就是学习在评判出现时注意到它。首先，你可以在冥想练习中留意你的评判。比如当你第一次开始冥想时，可能会有这样的想法：这很酷；我擅长这个；或者这是蹩脚的，真是浪费时间。这些都被我们称为评判的一部分。

任何对事的喜欢与讨厌，或某人的想法，都是一种评判。任何评估某件事是好是坏、是对是错的想法，也都是一种评判。稍微不那么明显的评判是伪装成事实陈述的意见：他是个失败者、她太性感了、我永远也不会做对这件事、任何相信那件事的人都是愚蠢的……要留意到这类评判不太容易，因为我们倾向于相信它们是"真实的"，并不认为那些只是我们的假设、偏见和心理习惯的产物。例如，玛丽亚（Maria）指出了她对观点和事实之间差异的不确定性，她说："我的前男友是个混蛋，我很确定这是事实。"事实上，这只是她自己坚信的观点，但她感觉这就是事实。

当然，并不是每个想法都是一种评判。有时我们会为未来做计划，或者回忆起过去的一些事。但无论我们是否在冥想中，我们大多数人都会有大量的评估性思考。

放下评判

因此，发展一种非评判的态度，意味着首先看到那些以各种形式和伪装出现的评判。然后是棘手的部分：放下评判而不陷入它的圈套。为了放下某个念头，你需要把注意力转到当下，把它固定在一种身体的感觉上，比如你呼吸的感觉。你不必强迫自己"停止思考"，或者明确这是否是一个好想法（这将是更多的评判）。你只要把注意力从这个念头移开，让它继续推进。当你在冥想时，用这个办法处理念头是奏效的，在经过一段时间练习之后，即使你没有在正式冥想的状态，也会这样与念头相处。

还记得我们在第二章里，将我们心里的念头比作是川流不息的河流吗？当你把注意力转移回呼吸上时，你又爬回了岸边，你的念头就有机会继续顺流而下了。

例如，在冥想时不被意外的走神所干扰，意味着你认识到这个想法是内心不安的短暂反应，而不是对冥想价值的准确评估。所以你不会选择在 60 秒后结束你的冥想，认为这是浪费时间。而是把注意力带回你的呼吸，对河流里将要出现的下一个念头保持好奇。

当这些念头关联重要的事情，让评判不作为地顺流而下就变得有些困难了。关于谁对谁错，或者你的伴侣不应该做什么或说什么的念头，会让你掉进河里。在你意识到之前，你自己可能也已经跟着顺流而下了。幸运的是，不管你漂走了多远，你总是可以回到岸上。

这里的重点并不是说你永远不应该形成观点。显然，我们一直都在做出必要的判断。我们等着喝咖啡，因为它太热了。我们不买新电脑，因为它太贵了。但是，如果你基于那些还没意识到的强烈观点，来做出重要的人生决定，那么你就很容易被你无意识的偏见所掌控。

对评判持明智态度

你怎么知道哪些评判是有用的，哪些评判只是不必理会的浮云？我习惯把它们区分为观察和评判。观察揭示真理，评判掩盖真理。不加评判地观察，是一项有效的技能，也是正念冥想的基础。然而，我们已经习惯于做出评判，一开始很难真正看到评判和观察之间的区别。

观察不具有任何内在价值，它只是更准确地阐明了事物是怎样的。例如，你可能会认为你的咖啡"不好"，而不是观察到它是冷的。我并不是说你必须喜欢冷咖啡，但我想让你看到你的心快速评判它"不好"的方式，而不仅仅是观察它原本的样子。

其他的例子："我是胖子"是一个评判，"我的体重指数是 X"是一个观察。"我很懒惰"是一种评判，而"我的体力不足"则是一种观察。"这门课我学得很糟糕"是一种评判，而"我很难跟上这门课"是一种观察。看到区别了吗？

请注意，所有的观察都必然会导致探索和成长。X 的体重指数对你来说是健康的吗？你感觉健康或幸福吗？如果没有，有没有一个明智的方法，来改善你的健康状况？

当你睡眠、运动不足或宿醉时，你的体力会下降吗？如果是这样，你会想改变吗？

是否存在一种更优的方法，来统筹课程任务？你需要寻求帮助吗？你有什么选择？

观察揭示了念头之河的内容，并指引你做出有洞察的行动，而评判只会让你陷入困境。

各美其美

一个常见的评判陷阱是，我们大多数人把"不同的"与"坏的"或"错误的"混为一谈。有所不同并不是坏事，而只是不同。要知道，每个人都是不同的。我们有不同的喜好、外表、优先级和信念。如果一个人说不同的语言，有不同的信仰，或者追求的目标不同，这并不是对你或他人的一种评判。我们会把负面偏好运用到我们认为不同的观点当中，这是我们有意无意形成所有偏见的基底。在观察人或事物的不同点时，需要经过练习，才能不自动附加一些负面评判。正念可以帮助你注意到这些自动产生的评判，这样你就有机会更充分地考量它们，但并不做过多反应，正念对创造更宽容和平和的社会大有助益。

停一停

练习识别你带着评判的念头。闭上眼睛，呼吸几次。对你脑海中出现的任何想法保持醒觉。如果有困难，你可以想象，每个想法都是小溪中的一片叶子，或传送带上的一个包装箱。试着检查念头是否带有任何性质的评判：喜欢与否，或认为某样东西应该改变与否。然后放下它，并对下一个念头保持醒觉。当你观察了大约十个念头后再停下来。

拆除陷阱

这听起来可能令人难以置信，当你训练自己去观察和放下评判时，你也随之破除了评判的陷阱。我记得当我第一次开始冥想时，我惊讶于脑海中有许多愤世嫉俗、批判性的想法。我问我的老师杰夫·布兰特利，他是杜克大学的正念大师之一，我问我能做些什么来阻止消极情绪。我承认，当杰夫建议我相信正念，继续耐心观察和放下批判性想法的时候，我持怀疑态度。在我看来，问题是这些想法的不断出现，而不是如何放下它们。我想让自己不去评判，这样我就可以确信我做的是"正确的"。难道我不需要做点什么吗？

虽然不相信，但我还是坚持了下来。令我惊讶的是，仅仅承认事物的负面性而不增加另一层评判（我很糟糕，总是有评判的念头），似乎就阻断了消极情绪产生的进程。就像有人从源头净化了水，严厉的批评不再经常出现在我的河里。因为我坚持冥想，这一切似乎都毫不费力地发生了。

坚持习练

上面所说的"毫不费力"，当然没算上我为培育正念练习所付出的努力。现在是时候投入你的一点努力了，注意你做出评判的倾向。现在花十分钟，在我们在第二、三章介绍的四种正念练习（观呼吸、腹式呼吸、动力呼吸和身体扫描）中，选一种练习。

接下来，我们将探讨，当你处于当下时将会发生什么。

第五章

此刻，你就在当下

达林（Darrin）是一名运动员，他的膝盖受伤了。他来 Koru 是为了学习正念来应对身体上的疼痛，同时也为了处理无法参赛带来的情绪困扰。有一天，在课堂上他谈到，通过学习保持更加专注于当下，可以帮助他应对伤病。

作为康复治疗的一部分，达林的膝盖接受了痛苦的注射过程。他说："我之前整个星期都在担心这个手术。最近我想，如果我把努力用于处在当下，对我来说要好过得多。当疼痛真的发生时，我再去处理它，而我当下不需要面对它。"当下的他并没有痛苦，所以他选择处于当下，就在此时此刻。

与当下接触

学会完全处于当下，是培养正念和体验其效力的关键。

就像飓风中心处晴朗的天空和平静的水面，当下是动荡生活中安全的港湾。问题和担忧可能会围绕着你旋转，但当你停留在当下时，你就不那么容易被压力淹没了。

通过对身体感受的觉察，你可以走出风暴，进入平静之地。任何身体上的感觉，如触摸、发声或呼吸，都可以打开通往当下的大门。

根据我的经验，我在冥想期间能获得多少平静，与我有多少注意力放在呼吸上是息息相关的。如果我的思想焦躁不安，跳来跳去，那么我只浮于表面，并没有锚定在平静的水域里。如果我的注意力紧密地落在呼吸上，看到所有呼吸的进进出出，以及中间的停顿，我就能更充分地潜入到当下。

我不想给人一种我完全掌控了这件事的印象。很多因素都影响着我们的注意力，包括外部因素（噪音、温度）和身体因素（疾病、疲劳、饥饿）。心理因素通常是最难处理的：担心经济形势、惧怕人际关系、自我批评、计划未来、旧的怨恨，以及更多可能会出现的干扰。但就像其他任何事情一样，你越耐心而慈悲地练习，集中注意力于呼吸的感觉上，掌控它就变得越容易。一旦你体会到用呼吸进入当下，你就打开了一条通往宽广平静的道路。

停一停 ─────────────────────

体会思考当下和处于当下的不同。为了处于当下，请闭上眼睛，慢慢地深呼吸十次。尽自己所能把你的注意力放在呼吸进出身体的感觉上。从头到尾跟进每一次吸气，留意呼气开始之前的暂停，然后观察呼气。当你发现自己走神了，耐心地把它带回来。把自己当作一位充满好奇的科学家，觉察你呼吸时身体每一次感觉的变化。

与痛苦共享当下

当你所处的当下包含着痛苦和其他强烈的负面情绪时，你的注意力会很自然地完全被吸引到不舒服的感觉上；当不舒服充斥了你的内心时，你就很难注意到其他的东西。在这时，转移你的注意力是很有帮助的，这样你就可以更全面、更准确地了解当下的实际情况。例如，你可能会感到强烈的愤怒，但与此同时，你的脚牢牢地踩在地板上，你的呼吸进出你的身体，你周围的环境中有声音，你可以感觉到你的衬衫紧贴着你的皮肤。对当下的整体感觉保持开放，将帮助你保持平衡，并且扎根于当下。

以这种方式扩大你的觉察力，可以让你敞开心扉，为情绪腾出空间。冥想大师铃木俊隆把在当下与强烈的负面情绪共处，比作驯服一头野牛。他说，驯服一头野牛的最好方法是把它放在一个大牧场上，在那里它有足够的空间可以奔跑、发泄。在一个狭窄的空间里，野牛会变得更加激动，甚至可能会疯狂地夺门而出。而一个大的围栏能使野牛在抓狂之后，慢慢自己安顿下来。同样的，对于强烈的负面情绪，如果你试图控制或抑制它们，你激动的情绪可能会增强。但如果你觉察它们，并通过扩展你的觉察来给它们空间，包括嵌入更多当下的细节，它们最终会自己平息下来，并释放掉那些能量。

当下的心流

有一种特别强有力的处于当下的状态，通常被称为心流或专注状态。当运动员或艺术家深深地专注于他们的运动或艺术时，他们有时会体验到心流。心流体验的特点是完全沉浸在当下的感觉中，在表现卓越的同时感到快乐。

在心流状态下，你会完全专注于你的任务，没有其他念头。你会感到任务很有挑战性，但又完全能够胜任挑战。当我们处在心流状态时，往往会感觉到时间已经变慢，每一刻都显得充实而清晰。在这种状态下，运动能力会得到提升，创造力被激活。虽然训练进入心流的能力并不容易，但你可以培养让你进入心流的心智状态，而正念练习是进入这种状态最直接的途径。

乔治·芒福德[①]（George Mumford）是一名运动员，也是沙奎尔·奥尼尔（Shaquille O' Neal）和迈克尔·乔丹（Michael Jordan）等人的正念教练，他在《正念运动员》(The Mindful Athlete) 中谈到了心流。芒福德说："你习练的正念越多，你就越容易体验到有意识的心流。换句话说，做正念练习就像给你的花园浇水，这是让植物生长的唯一方法"。

科学笔记： 处于当下可以改变你的大脑。一项 Meta 分析[②] 表明，冥想会使大脑的八个区域发生改变。这些大脑区域在调节情绪、改善记忆、提升注意力和觉察方面都发挥着重要作用。值得注意的是，这证明仅靠学习以特定方式集中我们的注意力，就可以改变大脑的结构，在一些重要的方面

---

① 美国前篮球运动员。在习得正念后，从一个瘾君子变为一名正念导师。——译者注
② 在统计学中，是指将多个研究结果整合在一起的统计方法。——译者注

改善其功能。作者观察到，"在大脑结构和冥想的最新相关文献中，发现最有趣的结果之一，就是仅靠几小时训练就可以引起神经可塑性变化"。就像运动可以改变我们肌肉的外观和力量一样，冥想也可以改变我们大脑的结构和有效性。

那些小事、大事和好事

埃克哈特·托尔（Eckhart Tolle）在他的著作《当下的力量》（*The Power of Now*）中指出，当你的注意力完全集中在当下时，就不会感到那么困难了。他指出，你的生活只在当下发生。问题和担忧只存在于未来或过去。你在当下只需处理你面临的状况，只有当你感到后悔或担心时，它们才会成为问题。

现在，你可能想说，保持在当下并不能避免所有的麻烦，在某种程度上确实如此。但其实有些看起来麻烦的事情，其实只是强烈的情绪，如焦虑、悲伤或愤怒。你可能不喜欢这些不舒服的感觉，但它们并不一定是问题。你可以使用正念以更少的痛苦来渡过难关。

此外，许多问题，只有当你担心未来或懊悔过去时，才是问题。例如，瑞秋（Rachel）谈到，当她想到她下个学期要做的所有工作时感到自己快崩溃了。从她当下所处的位置来看，这似乎是一个很大的问题，好像工作的巨浪在不久的将来就要把她淹没了。她说，当她学会一次只关注一件事、一次只解决一个问题、一次只完成一项任务时，她就不再害怕工作了。这些工作变成了一系列可以管理的任务并最终都得以完成，她全神贯注，一次完成一件，没什么大不了的。

当然，你会想起各种各样恐怖的、惊悚的或令人心碎的时刻，即使一个人可以非常好地安住于当下，也可能会受不了，但我们在日常生活里处理的多数"麻烦"（比如停车罚单、拉链断掉）并不是这类灾难。

我们每一天里的大多数纠结通常都是"小事"。但不幸的是，我们也会在生活中的某个时刻面临一些痛苦。作为人类，我们有时会失败、生病、出现意外、失去所爱的人。在我们的生命中，有些时刻我们别无选择，只能忍受痛苦。

你能想象，让这些痛苦只存在于发生的那一刻，而不是害怕它未来将发生，或者没完没了地重温它们吗？如果你能在这些痛苦经历发生的那一刻掌控它，它也就失去了控制你的能力。只有当你害怕地看着它们，或者因为这样那样的原因，不能把它们抛在身后时，它们才会跨过其存在的时间而造成痛苦。我并不是说这是一件简单易行的事，没有人能轻易克服刻骨铭心的伤痛，但是你可以通过冥想来帮助你朝着内心更加平稳的方向迈进。

停一停

反思一下最近正在困扰你的任何一件事情。那是一些现在确实正在发生的事情、你担心未来要处理的事情，还是一些已经过去的事情？你能像达林处理膝盖受伤和瑞秋处理学业那样，开始把握你当下的每一天，应对任何挑战吗？

简单但不容易

活在当下是一种强有力地应对困境的方式，并能帮你充分体验生活中的愉快时光。其实，哪怕只是多一点点地关注于当下，我们就可以减少痛苦的体验。然而，重要的是，你不要把这一点认知变成你鞭策自己的另一条鞭子（我已经有这么多难题了，我很难专注当下）。处于当下的技能需要不断练习。我每天都在练习，仍然会有时沉浸于担心一些未来不会发生的事情上（如果周一前治不好感冒，我那天上班就会非常难受）。

不过，随着时间的推移，我做得更好了，比以前轻松。如果你愿意以开放的心态去尝试，你也可以办到。而当你觉得难以一直处于当下的时候，不要批评自己。生活中只做简单的事，有什么乐趣呢？

在下一章中，我将向你介绍觉察心，这是心处理觉知的部分。在这之前，花十分钟来练习我们在第三章中提到的某项正念技术（腹式呼吸，动力呼吸，身体扫描）。如果你很累或坐立不安，练习几分钟动力呼吸会让你充满力量，并有助于稳定你的心。

第六章

认识你的觉察心

我们的心有两种状态，思考心和觉察心。

思考心会让你做日程表、解决数学问题、重新整理书桌的抽屉，并作出各种各样的决定和计划。这是你的心非常有用的部分，而且在大多数西方的文化中，这几乎是心运作的主导模式。另一方面，觉察心则是处于当下，观察你生活过程中正在发生的想法和感觉的流动。在思考心的模式下，你会被思绪的河流所阻隔；在觉察心的模式下，你坐在岸边静观水流。

觉察心是心用来增长觉知力的部分。事实上，觉察心有时被称作为纯粹的觉知。觉知不完全是思考，虽然它会运用思考。将正念带入美国主流文化的先驱乔·卡巴金说："觉知更像是一个可以容纳我们想法的容器，帮助我们看见想法，并知道我们的想法只是想法，而不会把他们当作真实的存在陷入其中"。

觉察心，或者觉知，有时会被比作晴朗无云、湛蓝平静的广阔天空。思考心和情绪更像是云层和不断变化的天气。有时，狂风暴雨袭来、乌云密布，暂时遮蔽了晴空，但天空就在那里，笼罩着万物。广阔的觉察心包容一切，它是宽广无垠的。当你把觉知带入到当下体验的时候，你就进入了觉察的状态。

觉察心看见念头但不追随它们。它看见我们的挣扎，但是不去权衡和选边站。觉察心知道你的感受，但是既不去评判，也不为这些感受提供能量。它就只是观察，这也是为什么街舞大师和冥想老师拉塞尔·西蒙斯[1]（Russell Simmons）称觉察心为哨兵。

想一想 ————————————————————————

觉察我们的心与控制我们的心是不同的，带着温柔而开放的态度觉察，会让我们的心安顿下来，得到休息。如果试图控制心，就会搅动出更多的焦虑不安和痛苦。

——德宝法师[2]

————————————————

[1] 拉塞尔·西蒙斯被福布斯杂志评选为"好莱坞最具影响力的人物之一"，其影响力覆盖音乐、时尚、金融、电视电影等行业。——译者注
[2] 当代内观大师，北美地区地位最高的斯里兰卡佛教上座部长老。——译者注

回应而非反应

思考心和觉察心的一个区别是，思考心趋向于快速反应，而觉察心会更多地给予回应。如果你感到气愤，这是你的思考心围绕着情绪在杜撰故事。你的思考心会非常有蛊惑力地告诉你："我无法相信她认为我在这个项目上没有发挥作用，她太自私了，是我在带领这个团队，我要去告诉她我的真实想法。"在回应一个强烈的情绪时，思考心通过合理化、抱怨和一个反攻计划来随时准备好"出手"。

觉察心看到这个反应，但并不会陷入其中，并预设立场认为它是"真的"。觉察心会留意到，当你遭到批评的时候，强烈的愤怒会爆发。它会注意到那股强烈的感受正盘踞在你身体的什么部位，并看见思考心真的相信它自己正在讲述的故事。

觉察心会看到"我要去告诉她我的想法"这句话背后的冲动，同时会觉察呼吸，在冲动和行动之间创造一个间隙。这个间隙让你有足够的时间，做出一个更合理的回应，而不是一个仓促的反应。觉察心是促成明智行动的强有力的因素，它可以让你基于对当下审慎的观察而做出选择。

增强你的觉察心

在多数西方文化中，觉察心总是显得有些软弱。你会发现，当你的思考心上场的时候，你的觉察心可能还是很难站稳脚跟。但是，就像通过锻炼你的肌肉会变得越来越强壮有力，你的觉察心也会随着锻炼变得越来越有力量。冥想，是各种方式当中锻炼觉察心最好的练习。一旦你练习一段时间，即使是在紧张的情形之下，你仍然可以进入觉察的状态。

练习提示： 当你把呼吸作为当下的锚定点来进行冥想时，在呼吸的过程中，不断地默念"吸"和"呼"，来使你的觉察心保持活跃状态。这会有助于你轻柔地将你的觉知固定在你的呼吸上，并对那些把你注意力从呼吸上拉开的心念保持醒觉。

觉察平凡里的神奇

培养良好的觉察，可以转化生活中的一些小情绪。比如说，有时候轮到我洗碗，在经过一整天工作感到很疲惫的时候，我很容易发脾气。

当我站在厨房里刷碗的时候，我可能会想，我为什么又要刷碗？这不公平，我在这儿什么都得做。如果我就这么走神了，沉浸在思考心的抱怨里面，那么当我刷完碗的时候，心情可能会相当烦躁，充满了自怨自艾，相信了思考心告诉我的故事，还滋长出了对毫不知情的家人的怒气。

然而，如果觉察心开始起作用了，我对这件事情的观点就完全反转了。我不会沉浸在对做家务抱怨的念头里，而是将我的注意力转向，去感受温暖的水流过我的手、肥皂泡的香气、把碟子放进洗碗机里的叮当声，以及擦洗台面时手臂的移动。

事实上，我在家里洗碗没有任何不愉快的经历。大部分是一种愉悦或还不错的感觉。我不需要做任何令自己痛苦的事情，比如说用指甲刮脏盘子，或者不小心被刀子戳到手。如果觉察心能够使我保持在当下，并与我当下的经历相融合，那么在任务完成之后我会感到放松和愉悦，接下来不论做什么，都会从容自在。

奇妙的是，觉察心也能增强你对生活中美好时刻的体验感，让美和愉悦感更清晰地呈现出来。

你是否曾在某一时刻完全沉浸在喜悦之中，还会想到，这是一个完美的时刻！或者说我希望我永远记住这一刻！这些想法体现了完美的正念状态，这是你的觉察心在记录各种正在发生的高光时刻。当你的觉察力变得越来越强的时候，你会留意到生活中越来越多的快乐时光。

你是否曾热切地期待一次活动，但接下来发现，你没有像你期待的那样享受它？这通常是因为你的思考心把你从当下的体验中拉开了，把你从预期的快乐中掠走了。蒂芙尼（Tiffany）曾在 Koru 课堂讲述了她的觉察心是如何为她挽救了一次非常重要的活动的。她说："那天是我 21 岁的生日，我的朋友们为我准备了隆重的晚宴。我们围坐在餐桌边享受美食，但是我发现我自己无法投入。我担心是否每个人都玩得开心，还想着如何让晚会变得更好，这实在是大煞风景。当我意识到自己迷失在头脑当中时，我记起要切换到觉察心的状态。然后我环顾桌旁的每一张面孔，我看到生动的笑脸，听到爽朗的笑声，我全然地品尝我的食物。很快，我体验到了一股美好的感受，没有在魂不守舍当中错过那场晚会，而是切实沉浸其中，那感觉真是棒极了。"

觉察心能确保你充分享受你人生中的高光时刻。你的生命当中会有许许多多的高光时刻，而每一次都带着觉察去感受多棒呀？

停一停 ────────────────────────────

　　锻炼一下你的觉察心，选一件你经常要做的家务事——可能是洗碗、洗衣或物品收纳。下次在你做这些家务的时候，开启你的觉察，逐个接入五感的体验：触感、味觉、视觉、嗅觉和听觉，然后留意你身体的感觉。如果有任何念头或情绪的反应出现，就只是留意到它们，同时把你的注意力带回到身体的感觉上。看看你是否可以维持这样的觉知，直到做完这次家务。当你完成之后，自己复盘；留意你那个时候的感受，你带着全然的觉知做家务是否有所不同。

────────────────────────────

继续学习

　　在下一章里，我会盘点一下尝试正念练习时可能会遇到的障碍。如果你非常积极地进行了尝试，你可能已经遇到一个或几个难题。提高觉察力是应对挑战的重要方法，所以，现在就做十分钟的正念练习吧，然后继续阅读，并学会如何应对那些必然出现的障碍。

第七章

突破障碍

到目前为止，你的正念冥想尝试可能已经进行了一周左右。你可能喜欢或讨厌这个过程，也可能已经跌跌撞撞地跨越了一两个障碍。每个人都会遇到障碍。我本人当然也不例外，我现在依然不时会遇到。

在传统佛法有关冥想的教学中，会提到有关冥想遇到的五个障碍。这五个障碍会在你学习冥想的初期阻碍你，在你遇到挑战时让你放弃坚持。如果不加识别和应对，这些障碍会中断你的冥想进程。

传统上讲的五个障碍是贪、嗔①、疑、掉悔②和昏睡。这几个障碍也会在我们学员开始冥想时有类似体现：昏睡、坐立不安、怀疑、拖延和自以为没有时间。

---

① 指仇视、怨恨和损害他人的心理。——编者注

② 掉，指冲动、不安；悔，念念不忘过去做错的事情，时刻让自己内心充满悔恨，导致无法做好当下的事情。——编者注

障碍与对策

了解冥想过程中的常见挑战和对策是很有帮助的,我们一起来看看。

昏睡

障碍:初学者会说,每次冥想时他们都会睡着。在Koru课堂上,学员在冥想的时候打盹儿是常见现象。我是一个特别喜欢睡觉的人,在我看来,大多数年轻人的睡眠都有所不足。所以如果你每次坐下都会睡着,你的身体可能在告诉你:你需要更多的睡眠。检视一下你的睡眠模式,看看我说的是不是真的。多数时候,你每天晚上可以睡足七到九个小时吗?如果不是,你可能需要处理这个问题。

对策:睡觉是很棒的,但不是在冥想的时候。如果你每次坐下来都会睡着的话,你就先不要坐,用其他的方法来锻炼你的正念肌肉。试着做一些动态的正念练习,例如动力呼吸,你可以单独做这个练习,也可以在你坐下来之前,先用它来导入,或者你也可以做行禅这种动态练习,我们会在第八章学到。

有时对昏睡的现象带着好奇心去思考,也会带给你一些觉知。试着对昏睡的感受抱以极大的好奇心：你如何知道你是困了呢？你在身体的什么部位感受到困意？昏睡的感觉是怎样的？

如果你发现自己还在昏昏欲睡，或许可以试一试下面这些窍门：站起来冥想、睁大眼睛、尽可能长时间地屏住呼吸。最后一招可能对你要求太高了，但它可以让你清醒。

坐立不安

障碍：可能你开始冥想时和我一样，难以忍受坐着一动不动地观察呼吸。坐立不安会让你的心狂奔，而且身体痛得想要动。

我依然清晰地记得（那有多不舒服），我第一次和一群人一起冥想三十分钟时坐立不安的经历，这绝对是我一生当中最漫长的三十分钟。我当时的念头是这样的：我们坐多久了？我确定已经在这里坐了不止三十分钟，这太难受了。我为什么在这儿？我想知道掌控时间的那位女士为什么还没有敲铃？她如果睡着了怎么办？我或许应该过去叫醒她。她要是死了怎么办？我们就要永远坐在这里吗？这些人都有什么毛病？我的天啊，我实在坚持不下去了。如果她没死，如果她还不敲铃，我就要去杀了她！

我的朋友，这就是坐立不安的样子。

对策：就像上面提到的，你不一定是坐着来冥想的。如果你愿意，可以做动力呼吸或是行禅。或许，你也可以尝试一个更加放松的冥想练习，比如腹式呼吸；经由腹部进行缓慢、深长的呼吸，可以降低你在头脑和身体上感受到的不安。如果想把忙碌的思绪安顿下来，可以用禅诗的练习，这个我会在第八章来介绍。

另外据我所知，从来没有人因为坐立不安而死去。即使我认为再静坐一分钟我脑子就要炸了，这种事情也没切实发生过。请记住，冥想不是来学习如何避免不舒服。事实恰恰相反，冥想是学习如何在广阔的觉察心里，容纳那些不舒服的感觉。我们可以看着自己的不舒服，给它空间流动，而不是去担心或迁就它。如果你总是通过坐很短的时间或者从不静坐来避免坐立不安的感受，你可能会剥夺自己通过坐立不安所学到的重要一课。

因此，不要总去设法找到一种避免不安的冥想方法，而是试着在不安出现时保持好奇心：坐立不安的感觉是怎样的？你在身体的哪个部位感受到了？当你达到一个临界点，认为自己再静坐一秒钟就要死了，试着深呼吸三下，看看会发生什么？

顺便说一下，坐立不安终究会消失。我现在可以很舒服地坐上很久，不会觉得自己快要炸了。

想一想 ————————————————————————————

在身体承受不住之前，我们的心可能已经先放弃了。

——乔治·芒福德

怀疑

障碍：年轻人常常对所有与正念相关的事情都持怀疑态度。以下是对正念和冥想常见的疑问：

"他们说冥想能搞定那些事，这没什么道理啊。"

"正念可能对某些人有用，但对我没用。"

"我可不是那种会打坐的人。"

"虽然这可能对我有用，但我怀疑我能不能行。"

"这可能有用，但这不是我最好的利用时间的方式。我这么忙，有这个时间还不如去学习或者处理我的邮件。"

"我很忙，冥想真的帮不到我。"

上面这些说辞听上去耳熟吗？

对策：与其听命于你的怀疑而去对抗或放弃，尝试带着觉察去留意你的怀疑。所有这些怀疑的念头，无非是漂浮在你思绪河流里的词语或图像而已。当你带着觉察去观察时，你会领会到，其实你无须对它们做什么。随着时间的推移，你自己会发现正念是否在你的生活中起到正向的作用。在你探索正念的过程中，你会发现你不仅有怀疑的念头，还有许多其他念头。当你的练习取得一些进展的时候，你甚至会出现一些不可思议且富于想象力的想法（例如，正念貌似要把我生活中所有的压力都消除了！太棒了！）。

学会看见你思绪河流上出现的各种念头，同时又不去听命于追随这些念头的冲动，是正念带来的重要益处之一。你的那些怀疑，为你练习这个技能提供了机会。在你静坐冥想的时候，留意到这些念头，并让它们顺流而下，不论下一个念头是什么，静待它飘过来。

拖延

障碍：有的时候，冥想最难的部分是开始。我认识的每一个冥想者都挣扎过。你想要冥想，你确实想，但你似乎从来都没有真正开始。你可能有时间，但是在那个当下你没有想要冥想的感觉。"我等一会儿再做"便成了你的策略，当你意识到的时候，一天已经过去了，对于晚上马上想要入睡的你来说，已经累得无法冥想了。

对策：很多人发现，一旦你开始了，完成练习并不难，但是开始的过程就像去拔牙那么难。

如果你没办法让自己坐下来静坐，那就先不坐。如果你发现自己到了冥想的时间还是没有感觉，就在原地停下来。呼吸几下，尽最大可能发动你的好奇心，去感受你不想冥想的感觉：它在身体的什么部位？几次呼吸之后，再看这种感觉是否有些变化？和这种感觉相关联的念头是什么？

现在看看发生了什么。你刚刚就是使了个花招让自己做了练习。你站在那里，让你的觉察监测到，你在那个当下体验到的念头和感觉。在那里继续多站几分钟，你就会完成整个练习。或者，你感觉到在这个时间点上，你倾向于坐一小会儿来观察你的呼吸。不论是哪一种方法，对你面临的障碍保持好奇心，会帮你跨越它。

自以为没有时间

障碍："我很忙，没有时间冥想。"当然这也是事实，大多数年轻人都非常忙碌，需要去学习或长时间工作。当我们有压力的时候，通常会有一种我们没有足够的时间，去做我们想做的各种事情的感觉。

对策：是的，我确实对你时常感到没有时间深表同情。同时，我目前还没有遇到任何一个人，一天当中拿不出十分钟处于当下，以培养他的觉察力。

解决办法就是要找到时间。你早上能早起十分钟吗？早上花几分钟时间沉思，是开启一天的绝佳方式。你要乘公交车或地铁去上学或上班吗？如果是这样的话，你或许可以在通勤的过程中，花十分钟时间练习正念。午餐的时候可以吗？或者是你回到家之后的第一件事？你花多少时间在视频网站、社交媒体或者是电脑游戏上？能不能在那上面捞回几分钟？把十分钟的冥想时间，加到你健身房的放松环节里如何呢？

对你如何度过一天做一个客观的评估，看看你是否可以找到一小会儿时间进行冥想。如果你真的找不到这个时间，你或许可以对自己没有时间感到好奇，这到底是你怀疑的表现（我不确定正念值得我花这个时间），还是拖延（我不想这样花费时间）。如果是这样的话，试一下我们提供的关于应对怀疑和拖延的对策。

练习提示：有规律的冥想时间，会让你的每日练习更容易坚持。选定一个时间和一处安静的地方。例如，你承诺自己每天吃完晚饭会在客厅打坐。设定提醒，这样你就不会忘记，然后尽可能去坚持。

如果几天过去了，你的计划不奏效，那你就制定一个新的计划再试上一阵子。看看一天当中不同的时间，或者是不同的地方，能否让你更容易坚持。

小心、持续不断地调整计划，没有哪个时间段是完美的，努力尝试就好。

通关

既然你对可能遇到的障碍和应对的策略已经全部掌握，现在是时候学多几项正念技术来练习了，这就是我们下一章的内容。如果你今天还没有做十分钟的练习，现在就是最好的时间。

第三部分

拓展理解

第八章

正念平息身心的焦躁不安

我们前面介绍的练习方法有观呼吸、腹式呼吸、动力呼吸和身体扫描，如果你已经开始练了一周左右，现在是时候多学几样正念练习了。在这章里你会学习两项新的正念技术：行禅和禅诗。当你的身心感到焦躁不安，注意力非常难以集中的时候，这两项练习会帮到你。

接下来我会带领你进行这两项练习。

动态的冥想

除了动力呼吸之外，你目前所学的冥想方法，都需要静坐并把注意力放在你的呼吸或身体感觉上。不过，有时你会太困或者过度焦虑，无法在静坐时有效地集中注意力。这个时候，行禅就是一个完美的选择，并且很容易掌握。

行禅

行禅就是在短距离内来回慢慢行走的冥想。把你的注意力放在脚步每个移动的感觉中，而不是把呼吸作为锚定点。

就像你做其他练习一样，你一定也会走神。应对的方法是一样的：当你注意到自己走神了，就把你的注意力带回到脚的感觉上。

通常，行禅要走得非常慢，这可能要比你的任何一次行走都要慢。当你第一次这么做的时候，"行尸走肉"这个词可能会从脑海里冒出来。缓慢的节奏有助于你去感知你中心转移时带来的每一次感受，肌肉收缩和放松的感受，脚向前移动的感受。

我经常被问到的问题是，带着正念走路算不算是行禅的练习。带着正念走路是非常棒的习惯，但确切地说，这并不是冥想。带着正念走路，你心里有一个目的地，而且你的注意力会放到你沿途看到、听到和感觉到的事物上。行禅的过程中，你心里没有目的地。你唯一的意图就是进入冥想的状态，并将你脚上的感觉作为锚定当下的锚点。

行禅练习

找到一个你行走时不会被注意

到的地方。你需要在房间或室外清理出一条你可以短距离直线行走的路径来。如果你喜欢，可以脱掉鞋子。将体重平衡地落在双脚上站直，两只手臂松弛地垂在身体两侧，或者双手相扣放在后背，视线轻松地望向眼前的地面。

把注意力带到脚上，准备向前行走。当你轻轻提起右脚跟的时候，右脚尖离地，注意每一个感觉。右脚向前迈出去，落到地面上，同时感受你的重心落到右脚上，这时候左脚开始提起来向前迈进。当你的左脚落在地面的时候，重心向前移动，注意这个时候你的右脚跟开始离地，以此类推。

保持缓慢的速度行走，一直把注意力放在脚上，并细致入微地关注每一次移动、每一次重心的转移。带着浓厚的兴趣，感受每一步移动带动的所有情况。

如果你走神了，不去评判自己和你游荡的心，而是把注意力带回到脚的感觉上。

当你已经走了一小段距离，或者快要走到头的时候，停下来，两腿笔直站稳。头慢慢向后转动，仔细觉察重心的迁移，以及转动时身体所要采取的所有的移动。稍站片刻，留意身体的感觉，然后沿着你刚才走过来的路径，慢慢地、聚精会神地往回走。

来来回回地走，持续这样的冥想至少十分钟。试着用不同的节奏走，稍快或稍慢，觉察在不同的速度下，你的注意力是如何改变的。结束这个冥想的时候，静止站立片刻，觉察呼吸时整个身体的感觉。

有些人喜欢行禅，因为对他们来讲，把觉知锚定在脚的感觉上比放在呼吸上容易些，有些人受不了慢下来的节奏。请记住，感觉受不了不是问题，这正是你学习如何应对"受不了"的大好时机。

不论你开始的体验是怎样的，请练习几次行禅，进行耐心的尝试。行禅是基础冥想练习之一，通过观察你的心对不同类型冥想方式的反应，可以学到更多。

练习提示：想为你的冥想练习注入一些活力和乐趣吗？去户外吧，在大自然里能够让你的觉知鲜活，效果更好。鸟鸣声、阳光照耀以及风拂过面颊的感觉，都是进入当下的锚点。光着脚在温柔的草地或沙滩上行禅，感受当下和自然的神奇。我最喜欢在我家后院的树屋里冥想，看看你能否在自然环境里找到你的专属冥想空间。

应对极度活跃之心的对策

由越南僧人一行禅师在美国普及开来的禅诗，是在冥想时对自己重复的一些句子组合。禅诗有助于安顿极度活跃的心，将其牢固地锁定在一种轻微呼吸的感觉上。

当你的思考心疯狂地忙个不停，转来转去，就像一只兴奋的小狗在一个小小的空间里对着墙不停地弹跳。这时，你的觉察心很难牵引这只小狗。而对自己默念禅诗，就像给这只小狗抛去一根骨头，此时的小狗就会在一处安静下来，觉察心就比较容易接管此处了。

有的时候，当学员们第一次听到禅诗作用的时候，会持怀疑的态度，但当这些人开始尝试之后，会跟我说当他们脑子很乱的时候，禅诗是他们用来加强觉察力必做的练习。尽量保持开放的心态，客观地观察你练习禅诗的时候会是什么情况。

禅诗

禅诗练习刚开始可能有些复杂，请容许我稍做解释。

我们教的禅诗是安德鲁·韦斯（Andrew Weiss）从一行禅师那里学来的。先将禅诗读几遍把它记住，一旦你掌握了禅诗的练习方式，你可以在网上查找不同的版本，或者，如果你喜欢，可以自己来写适用于自己的禅诗。

我知道我正在吸气。（吸）

我知道我正在呼气。（呼）

我平息我的身与心。（吸）

我微笑。（呼）

我安住在此刻。（吸）

我知道这是珍贵的时刻。（呼）

禅诗练习

关注公众号，回复"dlyp"，免费获取本书练习音频

开始前，坐在椅子或者地板的冥想垫上，后背挺直但不僵硬。至少设定十分钟的冥想时间。你可以闭上眼睛，或者视线无焦点地注视眼前的地面。找到身体里呼吸的感觉，观察它吸进呼出。开始对自己默念禅诗，将句子与呼吸对应起来。当你吸气的时候，默默地对自己说："我知道我正在吸气"；当你呼气的时候，默默地对自己说："我知道我正在呼气"。吸气，对自己说："我平息我的身与心"，以此类推。

默念完整首禅诗，然后从头再来，继续把呼吸和句子相连，一遍又一遍。就像做其他练习时一样，你会时不时

地走神。当你走神或者忘词时，也没关系，就将你的注意力带回到呼吸上，并且从头开始默念禅诗。

几分钟之后，如果你的思考心看上去已经稳定下来了，你可以把禅诗简化成下面这些词：

吸

呼

平息

微笑

此刻

珍贵的时刻

所以，当你吸气的时候，就对自己默念："吸"；当你呼气的时候，就对自己默念："呼"，以此类推。在你继续冥想的时候，将简化禅诗的一个或两个词一遍又一遍地对自己默念，同时与呼吸的流动相连接。

补充：当你默念道"我微笑"或"微笑"的时候，动一动嘴角做出微笑的表情。大多数人这个时候内心都会觉察到轻微的波动，你可以试试。

练习禅诗，直到你可以轻而易举地记住那些词，并且充分熟悉这个方法。很多人都认为禅诗有助于将觉知安住在呼吸上。继续带着好奇心做这个练习，在你能够运用自如之前，先不去急于判断它是否有用。

科学笔记： 微笑能够降低你心血管系统中压力造成的影响，从而改善你的心情。你可能会想到另外一个情境——当你感到幸福的时候，你微笑——脸上挂上微笑，即使是假笑，也会增加诸如满意和幸福这样正向的感受，人们多年前就已经意识到这一点。

结果证明，即便是假笑，所能改善的也不仅仅是心情。科学家发现通过给实验对象咬筷子（是的，筷子）而迫使他们微笑，能够降低压力给他们带来的影响，而那些实验对象并不知道他们自己在微笑。因此，如果你正在寻找简单的解压方式，脸上挂上微笑吧，哪怕是一个假笑，你和你的心脏都会感到舒服些。

停一停

花几分钟检视你自己，看看你尝试这些新技能的动力有多大。提醒自己阅读本书和学习正念的初衷。

每日练习

现在你的每日正念练习有六个选项：有四个是你在第二、三章学到的（观呼吸、动力呼吸、腹式呼吸和身体扫描），还有两项新练习（行禅和禅诗）。

虽说你不需要精通所有这些技能，但对每一项都试上几遍是非常有必要的。在你练习的时候，你会了解你对哪些练习反应更强烈，那些练习或许会成为你最喜欢的练习。你可能会发现，随着你每天的心情和体力的不同，每天最适宜的练习方式也有所不同。例如，当你感到不安，想要在训练专注力时可以活动身体，行禅就是最佳的选择。

到目前为止，你的正念尝试已经进行了相当长的一段时间。如果你开始对每天的正念练习功课感到懈怠，回头翻看一下引言中关于如何使用这本书的建议。

在下面几章里，我们将探索正念如何助力你应对思考心，从而降低压力。我们还会一起学习有关贪心、接纳和复原力的概念。如果你正在累积你的冥想经验，那么接下来的内容对你大有裨益，所以，在继续阅读前，花几分钟时间试一试禅诗，或是行禅练习吧。

第九章

制造压力的思考心

既然我们对正念基础已经有了基本了解，包括如何把我们的注意力锚定在当下、培养觉察心，以及警惕那些套牢你的评判，现在，我们来探讨正念如何减少生活中的痛苦。

首先，你需要了解你的心是如何运作的，以及辨认出那些平日里出现、放大压力的念头。如果你可以辨认出这些念头，并改变自己的思维模式，即使周遭生活条件没有改变，你也可以提高你的生活品质。

你或许正在面对诸多困难：同时打几份工来付房租、失恋、新工作面临一系列麻烦、学业繁重或者被区别对待……冥想可以减少你生活中的压力，但并不会让这些困难消失。即使你成为所有冥想者的超级领袖，挑战依然还是存在。然而，如果你学会以不同方式应对困难，你就会感觉生活没有那么沉重。没做实际改变的人生能变得更好，这听上去有些不可思议。让我们花一点时间，来进一步探讨这个话题。

你的心运作出来的故事

生活中，你的心会添油加醋地讲述你生活的故事。举例来说，你没有获得申请的实习机会。你可能由此感到失望和焦虑，从而会让你的思考心运作起来，创作出一个与这件事相关的故事。（我是一个彻底的失败者；我从未得到过任何我想要的；失去了这次实习机会，我再也没机会找到我想要的工作了。）如果你对分手经历感到特别伤心，会出现另一个版本的故事。（我没办法保持一段恋爱关系；我总是让别人离开我；我会单身一辈子。）这故事听上去像是对你境遇的准确描述，但实际上并非如此，这仅仅是你的心，在反应你当下感受时创作出来的情景。

你的心所讲的故事，只是基于很少的事实。因此，你不应该相信你所想的每一件事。由于人类进化留下了负面偏好的怪癖，因此如果你不加质疑地完全接受这些故事，就会感觉这世界从未发生过什么好事。

负面偏好，指的是我们的心倾向于接收坏消息而屏蔽好消息。进化让我们那些提早发现问题，并为最坏情况做好准备的祖先得以生存下来。因此，随着时间的流逝，人类对此变得十分精通，在关注负面情况上发展出高超的技能。这种对坏的、恐怖和危险情况的全神贯注，对在热带草原上求生是非常重要的，但在当今世界里，却会把我们日常生活里的压力感拉满。负面偏好完全忽略你日常生活中所有中立事件（早上穿衣、乘车、走到教室），对好事情轻描淡写（热咖啡、脸颊上的阳光，最喜爱的歌曲），负面偏好让你感受到的不愉快，比实际上要多得多。

停一停

对心会创作故事这件事保持洞察，得从熟练识别念头练习开始。我们需要意识到念头只是一些想法、短暂出没的词语或图像，它们都是我们的心运作出来的、对现实并不精准的描述。为了更加清楚地了解你的念头，试试这个练习，它源自以正念为基础、接纳和承诺的心理疗法：写下或者大声说出你的下一个念头。例如，我没有任何念头（这是当你努力留意念头时，通常冒出的第一个念头）。下一步，把下面这句话放在你刚才的念头前面：我的念头是……然后大声读出来（"我的念头是我没有任何念头"）。用这样的方法来说出你接下来的五个念头。这个看上去傻傻的练习是锻炼正念肌肉的有效方法，因为认出念头是念头，是需要训练的。

夸大负面

负面偏好通过回忆过去或预想未来，以加重我们的压力，而当下的感受形成我们对生活的体验。我们需要用不加评判的、对当下的觉察来平衡这种偏见。

过度关注负面

在你的周遭每时每刻都在发生各种各样的状况：令人愉悦的、不愉悦的和不好也不坏的。如果你的注意力聚焦在负面的情况上，你的体验似乎就是负面的。

举例来说，你正在杂货店排队买单，而队伍停滞不前。你把注意力放在行动迟缓的收银员身上，会想说："天啊！你出了什么问题吗？我快迟到了！快点，赶紧！"紧接着，你开始感到生气和焦虑。

但是，在那个当下还有什么正在发生呢？很可能会是一些愉悦的感受，例如新烤出来的面包香味或是你身上柔软温暖的外套。这里同时还有一些不好不坏的因素，比如说呼吸的起伏和你手里东西的重量。令人愉悦的、不愉悦的和不好不坏的事情同时发生，你要选择把注意力指向哪里。

专门把注意力放在负面情形上（收银员很慢，你担心自己会迟到），就像是给令人不愉悦的因素一个特写镜头，而漏掉了场景里所有其他因素。如果将你当下觉知的画面拉远，你会获得包含了令人愉悦、不愉悦和不好不坏的事情汇集在一起的一幅全景画。

可见，负面情形只是一幅丰富画面当中的一小部分而已。你依然会生气，但它不再占满你的内心。其他舒服或者宜人的景象，会进入画面来平衡你的感受。

需要记住的是，这种用"广角镜头"看待事情的方法，并不是否认或压抑你的负面感受。这样做仅仅是对事实采取一个更全面也因此更准确的视角罢了。

这是一个小小的例子，说明你和体验的关系（而非体验本身）是如何在决定着你的压力。最后当你离开杂货店的时候，你所感受到的压力程度，更多地取决于你在等待的过程中是否觉察到了那个全景画面。要知道，不论你是否感到焦虑，排队等待的速度都是不变的。

悔恨过去：就是助长怨恨

对于过往的那些不愉快的经历，我们总是很难从中走出来。那些经历就像是猎狗身上的虱子一样挥之不去。这种倾向会把我们带入无尽的愤怒和怨恨。

有篇古老的故事，很好地说明了这一点。

在一个美好的夏日里，一位智慧的老僧和他虔诚的弟子走在乡间小道上。他们走到一条河边，这里的桥被暴风雨冲垮了，河边站着一位悲伤的残疾老妇人。她对两位和尚说："求求你们帮帮我！我必须要过河，但我怕会被淹死。"

老和尚被她的悲伤所感染，同意帮助她。他背起老妇过了河，然后把她轻轻放在岸边，道别之后继续赶路。

走在师父旁边的小和尚怒了，他非常生气地说："你教导我们任何情况下都不要碰女人，可是当你背起那个女人时，却违背了你的教言。你不该那么做，你让我对你和教法失去了信心。"走着走着，小和尚的怒气越来越大，他已经无法享受美好的夏日了，脑子里塞满了对师父的愤怒和失望。

听完了弟子怒气冲冲的批评之后，过了好一会儿，这位智慧的老僧非常温和地说："我把那个女人放在岸边了，你为什么还背在肩上呢？"

我们每个人都扛着一些应该放下的愤恨。通常它们除了扰乱我们平静的心之外，没有什么其他作用。放下怨恨，尤其是那些老旧的、深深的创伤，从来都不是一件容易的事，这需要自我关怀和耐心。无论如何，放下包袱的第一步，就是开始留意，到什么时候我们仍旧在扛着它们前行，你正在背负着什么怨气呢？

担心未来：预想最坏的情况

我们很容易陷入担心坏事发生的忧虑中，这种对未来不确定性的恐惧，是年轻人最常有的压力来源，因为有关未来的许多事都悬而未决。担心学业、工作和恋爱关系的走向，会占据你大部分注意力，会带来长期焦虑和压力。学会把注意力锚定在当下，是防止担忧未来的最好办法。

斯特拉（Stella）讲的一个故事可以很好地说明她所经历的情况。作为一名英语专业的学生，她需要经常写长篇论文，这给她带来了强烈的恐惧感。当她需要写东西的时候，她总是坐下来盯着电脑想：我痛恨这件事；我永远都完不成这篇文章；我可能会因此而不及格，如果那样的话，我就无法按时毕业；如果我不能毕业，我父母就不会继续供我读书；我会落得无家可归……斯特拉被她自己的担忧折磨得痛苦不堪，而无法专注于她的功课上。

当这些恐怖的故事在她脑子里盘旋时，实际情况是怎样的呢？斯特拉说当她写文章的时候，通常会坐在一张舒服的椅子上，穿着舒适的衣服、指尖轻轻地敲打键盘。她没有经受任何痛苦，没有饥饿、没有流血。她实际上没有身体不适或危险，然而感受却是痛苦的。她痛苦的源头，来自她担心厄运临头的想法。

在她练习正念一会儿之后，斯特拉发觉写论文变得容易了。当她意识到，自己为将来无家可归而担心实在是小题大做时，她会把注意力聚焦到身体的感受上，尤其是呼吸的感觉以及指尖敲打键盘的感觉，从而把自己带回到当下。一旦她把自己锚定在当下，她对未来的担心就会渐渐退去，腾出空间让她的创造力自然而然地流动起来。

练习提示： 冥想时，当念头涌上的时候，与其与它们对抗，不如把它们当作由陌生人组成的、特别的游行队伍，而你正坐在路边的凳子上静静观看。每一位路过的人都是不同的——有的傻傻的，有的坏坏的，有的呆呆的。你不必跳出来试图阻止你不喜欢其长相的人，你就让他路过，然后看看下一个走过来的人什么样。用同样的方法对待你的念头。

彻底想明白

虽然在这个世界上我们能掌控的事情不多，但我们能选择如何引导我们的注意力。把你的注意力引导到当下，来拓展你的全景觉察，这是阻止你负面偏好并减压的有效策略。在冥想的时候训练你对当下的觉察，将使你学会处于当下，并且在关键时刻令你保持冷静。

第十章

管束贪心和嗔心

我们思考心的负面偏好，构成了我们几个心理习惯的基础，如果不加约束的话，会带来格外的麻烦。实际上这些思维模式，也正是佛陀所认为的我们人类受苦的根源，听上去有些吓人，是吧？

贪心、嗔心和痴心

佛陀在 2500 年前作为乔达摩悉达多出生在现在的尼泊尔，生为一位富有的王子。他最终放弃了财富，而将他的一生奉献给探索人类受苦的根源，及可能的解决方案。

经过多年的冥想和沉思，他发现人类心灵的三个习惯是多数痛苦的根源，这三个习惯译成英文是 grasping or craving（贪），aversion or hatred（嗔），delusion（痴）。

佛陀发现了人类的心之所向，要么聚焦在我们没有但又想要的（财富、名誉、性、更高的分数、更好的工作），要么聚焦在我们已经拥有但却害怕失去的（财富、声望、爱情、学业上的好成绩、好工作），这些都归为"贪心"。

"贪心"的另一面是"嗔心"，聚焦在我们不想要的东西上（痛苦的感觉、增了几磅的体重、想去派对却不得不工作、温吞吞的咖啡、排队等待）。在各种的贪和嗔之间往复，人们几乎没有任何幸福和满足可言，频繁地被困在想要更多和减少不想要之间。

"痴"有点难解释，在此也不用钻研太深，它有一部分的意思是指我们误会了幸福和痛苦的来源：误以为我们可以通过拥有一切来使自己快乐。正因如此，我们不去花精力解决真正的问题——贪和嗔的心理习惯。

需要澄清的是，想要什么或不想要什么并不是"坏的"、"错的"。实际上，心的这种习惯是普遍和正常的，我们一直都是这样活着的。不过，如果我们可以看见它们，让他们变得少一点，我们的麻烦也就会少一些。

贪和嗔带来的问题

贪和嗔源于我们想让事物向更好的方向发展。这有什么问题吗？你可能会这么问。这是我们族群成功的原因，不是吗？这是为什么我们用热水洗澡而不是冷水、我们用光纤而不是拨号上网。这些都是事实，然而，如果对贪和嗔不加约束的话，它们也会成为我们长期无法满足的根源。

如果你总是去想着如何变得更好，那么，无论你拥有多少都不满足。不论你获得了什么，你的快乐也会转瞬即逝。科里（Corey）笑着说："是的，我知道。前几天看比赛的时候，我正为自己选的好座位感到窃喜，但当我看见乔纳森（Jonathan）的座位比我更好，我顿时就想，伙计，我也想坐近一些。"

类似的情况在我们身边还有很多。丹尼丝（Denise）说："当我被杜克大学录取的时候我兴奋极了，但当我到了大学之后，似乎所有时间都在想怎么变得更聪明、更瘦，我不喜欢这种总在驱使自己想要变成什么样的状态。"不论你的情况有多棒，如果你总是想着自己还不够聪明，不够有魅力，或者情况如何变得更好之类的，你就不会悦纳你自己。

如果你开始审视这个"总想变得更好"的思维模式，你可能会发现你自己经常这么想——或许你的车不够好；或许你的分数不够高；或许你的女朋友不够性感；或许天气太热或是太冷。

当然，"想让事情变得更好"不是问题。改变是有益的，但过度聚焦在改变上，会阻碍我们看清生活中正面和有价值的全部。

贪心把你从当下拉开

当你陷入贪和嗔的漩涡时，你会认为在你没有得到或摆脱某人某事之前，幸福是遥不可及的。这种聚焦未来的倾向，会使你忽略当下体验的价值，带来长期的不满足感，并迫使你付出持续的努力。但矛盾的是，持续焦虑的努力，反而可能会破坏你渴望获得的最终成果。

教明星运动员学习正念的乔治·芒福德曾谈到过我们过度聚焦在成绩上时会发生什么。他解释说，当你过度努力想获得什么的时候，往往会遭遇失败，因为"过度用力在胜利本身，会使你的注意力偏离你需要做的事，而只有你完成了这些事，才能获得胜利"。

换句话说，如果你少想赢，而多想怎么做，你赢的次数会更多。在比赛中保持头脑清醒，意味着把注意力放在此刻正在发生的事上，以最佳状态回应每一个挑战。

不仅运动场上如此，如果你把注意力放在当下正在发生的事上，而不去思虑你想要得到什么，那么你在各类面试、考试中的表现也会更加出色。这可能就是为什么正念练习能够提升标准化考试成绩，还可以减少刻板印象造成的伤害。（请见下面的科学笔记。）

想要赢得比赛、找到工作或者考试取得好成绩都不是问题。问题是，当你被想要成功的欲望牢牢抓住，以至于无法将注意力完全投入到眼前的事上，最终无法以最佳状态行动。

科学笔记： 正念通过提高你的认知来改善表现，包括工作上的记忆力、专注力和推理能力。除此以外，正念还可以限制一种被称作刻板印象威胁效应的特定障碍，以此来提高你的表现。刻板印象威胁效应指的是，当一个人担心他的表现会让人们对他所属群体的负面刻板印象得到确认时，即使他不相信这个刻板印象是真的，他的表现还是会变差。举例来说，如果一个负面刻板印象在考试场景下被触发，实验对象听到了涉及刻板印象的评论或质疑，诸如"女生不擅长学数学和下棋""男生是敏感的"以及"宗教人士不擅长科学"，那么女生在数学测验和象棋比赛上的表现会更差，男生在社交敏感性的测试上得分会更低，而基督徒在涉及科技天赋上的考试也会考得更差。幸好，正念练习可以减弱刻板印象威胁的负面冲击。

我们每个人都会发现自己有刻板印象的包袱。这些包袱无形当中会干扰我们的最佳表现。正念即使不是解决这个问题的灵丹妙药，也能帮助我们保持专注从而尽自己所能。

有目标是好的

要明确的是，放下对结果的过度专注，并不意味着你不应该设立目标。目标和计划能帮你规划人生，并让你朝着既定方向努力。你需要思考的是，什么是你想要实现的，还要有时间把注意力带到当下，来追求你的目标。带着正念迈向你的目标，可以让你保持有益的平衡。

冥想促成平衡

因为贪心和嗔心是普遍和正常的，所以你不需要去消灭它们，也不需要浪费时间和精力来批评自己的这些正常思维模式。不过，你可以通过正念冥想，来降低你无止境欲望带来的破坏。冥想培育两项重要的态度：不强求和感恩。

不强求

贪心的对立面是不强求，这意味着尽自己所能，接纳每一个到来的时刻，不试图以任何方式改变或改善它。乔·卡巴金（Jon Kabat-Zinn）说，冥想与任何其他活动的不同之处，在于它培育不强求的态度，因为它是一种"无为"的行动。它教你感受作为人的存在感，而非无休止地去做些什么。

在开始冥想后不久，你就要应对自己爱强求的本性了。当你发现自己希望冥想时更加放松、不那么无聊或是希望冥想快点结束的时候，你就会看见你贪心的习惯。想要感到平静和放松（贪），或者不想要感受坐立不安和散乱（嗔），几乎是每一堂冥想课的组成部分。你通过观察这些念头和感受而不去回应它们，来培育不强求的心态。你的觉察心看着它们，而不做反应，它们就会在你冥想的过程中以及之后其他的时间里慢慢消失。

感恩

对生活中发生的美好的事怀有感恩，是防止贪心助长不满足感的另一种方法。冥想培育感恩，是通过训练我们将注意力尽可能放在我们所拥有的，而非所缺上。记得我在第一章讲到的那个生活相当贫困却又非常满足和幸福的难民吗？他就是把注意力放在了他生活中所拥有的东西上。我们当中的大多数人，包括我自己，都应该练习那样的心智模式。我们必须勤加练习，才能把注意力保持在生活中正面的事情上，不然就会陷入情绪漩涡。这就是为什么在 Koru 课堂里，我们要求大家每天记录两件感恩的事情。持续书写感恩日志，能够平衡我们的负面偏好，在生活中留意到美好。因此，如果你忘记了感恩日志，现在就把它找出来，记下两件感恩的事。

科学笔记：罗伯特·埃蒙斯（Robert Emmons）的职业是研究感恩。他的研究表明坚持书写感恩日志可以带来非常多的好处。即使只坚持几周，规律地记录你的感恩事项也可以让你更快乐、更健康、更开朗、更乐观。感恩对我们的关系也会产生很大的影响。伊蒙斯说："报告显示，坚持书写感恩日志的人，感觉与他人的关系更亲近紧密，更愿意帮助他人，而且也能切实地帮到他人。"因此，培养感恩的心态，是一种可以带来巨大回报的简单行动。

坚持习练

正念练习教你识别出绵绵不绝的欲望，并培养洞察力来看清哪个值得追寻。还会帮助你以更平衡的方式追求你的目标，从而带来更大的满足感。这些都是你花时间锻炼正念肌肉的好理由。请记住，如果你几天没有冥想了，今天可以重新开始，就是现在。重启练习，从来都不晚。

　　下一章里，我们将学习离开痛苦的思维模式：接纳。

第十一章

接纳减轻痛苦

生活中大多数痛苦，都来自于你无休止欲望得不到满足之后的失落。生活起起伏伏的事实告诉我们，生活中有令人激动的美好时刻，也有失落和失败。我们的幸福指数不是由那些美好时刻的数量来决定，而是由我们处理艰难时刻的方式所决定。

当坏事发生时应对的关键是接纳。如果贪心和嗔心总是想让此刻变得更好，接纳就是极致地沉浸于此时此刻。以我个人经验来说，年轻人都不乐于接纳，除非他们真正领会了接纳是什么。接下来，请注意跟随我的讲解。

抗拒加大痛苦

坏事发生时人会感到很痛苦，而当我们抗拒痛苦时，会让痛苦加倍。冥想老师杨真善通常用以下公式描述它：

$$痛苦 \times 抗拒 = 苦难$$

当你感到困难、悲伤或是害怕时，不可避免地也会感到痛苦。抗拒是你为了逃离这种痛苦的感觉所做的一切，可以把这理解成为嗔心的极端展现方式。抱怨也是一种抗拒的方式。抗拒的声音可能听上去像是这样的：这不公平，为什么这种事总发生在我身上？这不是我的错，事情不应该是这样的！不幸的是，抗拒会放大痛苦，并且会延长其停留的时间。

接纳减轻痛苦

你没有办法避免痛苦，但你可以通过培养接纳，来避免让痛苦进一步升级。接纳是一种如其所是地看待当下的心态。它允许你感受到痛苦、悲伤或愤怒，而不会让它们变得更糟糕。

平庸之辈才接纳？

需要澄清的是，我在这里谈到的接纳，并不是让你在面临失望时放弃或消极对待。接纳完全没有消极的成分，而是一种非常主动的觉知状态，来引领你采取明智的行动，跨越眼前的困境。

接纳不是什么

对于接纳是什么和不是什么，有一个清晰的理解很重要。接纳不是喜欢、不是同意，也不是让自己逆来顺受。我们在此就其不同之处稍微多谈一点。

接纳不是喜欢

圣地亚哥（Santiago）说："我的室友总是回来很晚，弄出各种噪音，把我吵醒了还从不道歉，让我非常生气。我一直试图接纳，但说实话，我不喜欢这样。"圣地亚哥纠结在接纳和许可的混淆中，这很常见。他不需要为了接纳而去喜欢或赞成他室友打扰他的睡眠。

接纳意味着认清现实，清清楚楚地看见到底发生了什么、给他造成了什么具体的问题。一旦他完全清楚地觉察到，当他想处理问题的时候，不论以什么方式，他都会考虑周全。

室友知道打扰到他了吗？他想和室友谈谈吗？如果是的话，和他摊牌的最佳方式是什么？买个耳机戴上是不是更合理？暂时忽略一阵子，看问题是否会消失？忽略问题造成的愤怒会不会伤害友谊？

这里的每一个选择和可能性，都能为圣地亚哥的问题带来有建设性的解决方案。

接纳不是同意

哈拉希（Harathi）在她的 Koru 课堂上说："我和妈妈总是在争论我恋爱的事情，她认为我应该只和印度男生约会，这一点我从来没打算接受。"

我在这里谈的接纳，并非让哈拉希同意她妈妈的观点。什么可以让哈拉希的情况有所改善？或许就是停止和她妈妈争论这件事。迈向这个方向的第一步，就是哈拉希需要接纳她妈妈可能不会改变自己的想法，同时，她也要接纳自己不喜欢妈妈否认她选择时的感觉。然后哈拉希需要决定：她是否打算容忍妈妈的反对给她造成的不适，还是依然想拥有与自己选择男生约会的自由？这完全取决于她。接纳可以让哈拉希明白，她最好把自己的精力用于对妈妈反对的回应上，而非试图改变妈妈有关跨文化约会的观念。

哈拉希不一定要同意她妈妈的观点，也不必要去恨她。她可以接纳别人拥有不同的观念。如果你能接纳你所爱之人本来的样子，你就可以学会平静、友善而坚定地持不同意见，而不会因为她不是你想要的样子而和她生气。

接纳不是逆来顺受

针对 2014 年以来几位不知名黑人男子被警察杀害的事件，克莱德（Clyde）参加了抗议活动。他在 Koru 课堂上说："如果我们只是走来走去，去接纳这种事情的发生，永远都改变不了什么。我不同意"接纳"。

克莱德把接纳和埃克哈特·托尔（Eckhart Tolle）所说的逆来顺受混为一谈了，这也是比较常见的困惑。接纳和放弃完全不同，接纳从来都不是赞同或顺从于任何暴力或是不公正。而是说，接纳意味着你承认了不公正的现实，然后运用智慧更有效地促成改变。事实上，接纳——看见事情本来的样子，正是有效主张的基础。接纳会让你更加清晰地认清现实，从而得出更加有效的解决方案；接纳可以指引你，去改变应对特定难题的方法；接纳还可以帮你厘清，哪些事对你成功没有帮助，但这并不意味着你要放弃为社会正义去努力。

接纳不是决定

你不是决定去接纳某种情形。接纳是一种行为，是将你的觉知带到当下、并且承认此刻正在发生的实际情况的行为。一旦你把注意力带到当下，并且愿意看到实际情况，你就是在练习接纳。当你承认任何一刻发生的实际情况，放下你认为应当或希望怎样的想法之时，你就是在练习接纳。接纳把你从"我不喜欢这样"或"这不公平"的状况里拉出来，进入到最合理的下一步。

开始接纳

玛克辛（Maxine）告诉我，她最终明白了"全然地接纳，以减轻痛苦"到底意味着什么。当她正要完成一个第二天需要提交的项目文件时，计算机崩溃了，她丢失了所有的报告，而且无法恢复，她说道："我惊慌失措，然后开始哭泣，我所能想到的就是，这是多大的一场灾难啊。"

渐渐地，我意识到即使重写报告是一场噩梦，但确实是我唯一的选择了。我可以整晚不睡为此哭泣，或是接纳我必须重新开始，继续现实。我这么做了，我花了几分钟观察我的呼吸，让自己平静。之后，我马上想起报告还有一些片段可以从别处恢复，然后我就这样开始工作了。

我时常会为自己感到难过，还会想：为什么这种事总发生在我身上？然后又自言自语："事情已经这样了。"深呼吸，然后继续打字。这的确很糟糕，但我完成了，最后，我对整件事都感觉相当平静。

请注意玛克辛从未决定要喜欢她的遭遇，但她也没有花费宝贵的时间和精力来诅咒她的命运，她接纳并继续推进了应该干的事。

想一想

正念冥想并不会改变生活，生活一如既往的脆弱和不可预测，冥想改变的是你心的容量，如其所是地接纳生活本来的样子。

——西尔维娅·布尔斯坦（Sylvia Boorstein）

练习接纳

实际上，任何一次你留意到事情并没有按照你想法进行的时候，都是一次练习接纳的好机会。请记住，你练习接纳仅仅是通过承认当下的实际情况，而不必喜欢、同意，或是让自己顺从任何事情。你只需要观察它原本的样子。

不论是玛克辛项目报告丢失的郁闷，还是更糟糕的情况：例如被自己报考的学校拒绝，甚至是深爱的父母离世。有时你没法做任何事来消除你的痛苦，但你可以慈悲地与你的感受同在，不论它们是愤怒、羞愧或是悲伤，无论你正在经历什么样的痛苦，试着不要拒绝接纳，逃避会使你痛苦加剧。因为即便最痛苦的时刻也是暂时的，如果你可以平静地接纳，随着时间的流逝，你的痛苦会减轻，同时你会逐渐明了如何更好地走出困境。

冥想构建接纳

接纳可以应对贪心。冥想的时候，你可能会留意到自己想要更多的东西，例如更多的休息时间，或者是让某些东西变得更少一些，例如工作。也许你会产生一些念头：生活是多么的不公平，或者某件事不是你的错。当你留意到自己想要事情变得不同，或者正在抗拒一些事实时，你可以有意识地将注意力转移到你的呼吸上，这就是在练习接纳。

如果你想要得到的东西会引起强烈的情绪，例如希望没有和女朋友分手，那么你可以在禅坐的时候，就那个特定念头产生的思绪，一遍又一遍地练习放下。当你在冥想时反复练习接纳的技能，这项技能就会在你需要的时候派上用场。

练习提示： 当你在冥想的时候，留意到念头正在努力争取获得些什么，或是抗拒某件很难的事情，练习对自己默念："如其所是"，然后带着耐心和慈悲，将你的注意力带到当下的锚定点上——你坐着时候的呼吸，或是你行走时的脚步。

接纳确实需要练习，而冥想是它最好的练习方式之一。现在，请花十分钟时间来练习某一项正念技术。

在下一章，我们来了解接纳如何带来韧性，这是二十几岁年轻人最需要具备的品质之一。

第十二章

韧性：驾驭人生的风浪

冥想的魅力之一在于它的微妙，不太好掌握。而适当的困难对你其实是有益的，尤其是当你从挑战和压力中学习并成长的时候。转述尼采的那句名言就是，没有杀死你的会让你变得更加强大。

从困境当中迅速恢复活力的能力，被称为韧性。正念能帮助你构建韧性，其中一个原因是它会让你有能力面对困难；另一个原因是，它能教会你采取有效的方法，来应对生活中不可避免的挑战。

压力让你变强大

克服困难的经历能给人的成长带来好处。对此，吉尔·弗朗斯蒂尔（Gil Fronsdal）提出一个非常贴切的比喻。两个划船的人在截然不同的天气情况下，穿过同一条河流。第一个人在风和日丽的一天划过河流，他轻快地划过，愉快地度过了这段划船时光。不过在这个过程中，他的能力没有经历什么特殊的考验。第二个人却经历了一场暴风雨，狂风大作、巨浪滔天。他经历了漫长而又艰难的抗争，不过最后还是安然到达。

第一位划船者对自己的各项能力感觉会非常好，不过他并没有为暴风雨做好准备。第二位划船者的经历会让他认为自己能力不足，他需要做得更好一些，但是他已经意识到自己有能力划过情况恶劣的水域。

每次当我们应对困境时，我们都会获得一些面对挑战的能力和信心。有了这些能力和信心，在面对生活偶尔带给我们的风浪时，我们会更迅速地恢复活力，不论它是小小波澜还是汹涌巨浪。

凯利威廉斯·布朗（Kelly Williams Brown），作为一名即将成年的年轻人，在她《步入成年》（*Adulting*）这本书中谈到，年轻人在步入需要担起责任的成年时，需要了解生活中一些未曾料到的挑战："有些时候这些事很小，例如屁股上短暂的疼痛、在去参加朋友婚礼的路上车出了故障，或者是在去面试之前咖啡溅到了衬衣上。但有的时候，我们可能要面临巨大的、长时间的伤痛，例如持续存在的疾病或是深爱的人离世。但是，无论如何，你可以应对……或者，至少，像成年人一样面对它"。布朗的主张是，你可以处理你遇到的任何事，只要你有对自己韧性的信心。

科学笔记： 马克·西里（Mark Seery）和他的同事们证明了"适当的挑战，任何没有杀死我们的，确实会让我们变得更强大"。他们研究了困境对幸福和人生满意度的影响，你可能会以为，那些一帆风顺的人是最幸福的，但事实并非如此。虽说高强度的压力对任何人都是不利的，但适度的逆境（人生中 6~12 件负面事件，例如亲人离世、疾病或是遭受暴力）实际上可以带来人生最好的结果。相较于那些缺乏逆境的人来说，经历过适度压力的人们，受到的危难和伤害是最少的，并且有最高的人生满意度。显然，巨大的创伤对任何人都没有好处，尤其是对于小孩，但经过适度的逆境而生存下来，对人生是有益的。所以，当你下一次被生活蹂躏时，要对自己有耐心，并记得你在之后会变得更有韧性。

如果你一路顺风顺水，你成长得不会很快。但如果你病了、痛了、失去了，而你没把这些遭遇当成诅咒或惩罚，相反地，把它们当成了有着特别意图的礼物，那么你就会因此快速成长。

——伊丽莎白·库伯勒 – 罗斯（Elisabeth Kubler-Ross）

冥想构建韧性

幸运的是，冥想为我们创造了程度恰到好处的挑战，也由此成为构建心理韧性的极佳工具。当你的心要从当下离开、随着念头顺流而下，觉察到自己内心的变化有一定的难度，这也正是挑战的一部分。你需要构建耐心、专注力和坚持不懈的能力，当你的觉察将你从河里带回岸边时，带着慈悲的接纳，去观察你的思考心在玩的把戏。

练习冥想的另外一个难点是，当你坐下观察思绪的河流时，你经常会发现一些令人不快的东西漂浮在上面。带着不舒服的感觉坐下来不容易，比如无聊、愤怒、悲伤和焦虑。然而，随着练习的展开，你觉察心的力量会增强，你会渐渐发现：与情绪共处，而不对它们做出反应，变得越来越容易了。

你会看见念头和情绪来了又走，你已经不由它们定义和掌控了。你会看见不只是担忧和痛苦占据着你的河流，愉快、幽默和平淡也在其中。这种对当下全景的觉察，把当下的一切都包含其中：好的、坏的和不好不坏的。这种更客观、全面的看待事物的方式，会培养你的韧性，当风浪变大的时候，你仍然可以乘风破浪。

避免回避

现代生活的物质条件能帮我们很容易地回避不适感，你甚至会慢慢相信，这一辈子都有可能回避不想要的感受。我们的各种设备总在手边，帮助我们避开生活中的烦恼。如果你在排队时感到无聊了，或者在派对上感觉害羞了，翻看手机就可以让你缓解这些不适感。

酒精、毒品和性都是用来逃避失落和痛苦的方式。这些回避不快会带来什么问题呢？答案是：如果你总是去回避一些小小的痛苦，那么在剧痛到来之时，你就会变得束手无策。

不适感是你的朋友

直面冥想过程中的头痛和心痛，将更好地帮助你应对人生当中其他时刻出现的头痛和心痛。每当你静坐下来，呼吸放缓，对飘过来的愤怒或自我评判保持镇定时，你就是在构建你忍耐不适感的意愿和能力。增强你忍耐不适感的能力是构建韧性的关键。

另外，如果你频繁地去回避每一次的不适感，你忍受不适感的能力就会下降。事实上，有一种推测，现在的年轻人缺乏韧性的原因，就是因为他们的父母对他们过度保护，这一点儿好处都没有。

你可以把你忍受不适感的能力，想成是一个魔法碗，碗里盛着你的各种感受，并依照你韧性的程度来伸缩。如果你没有训练自己忍受不适感，你的魔法碗就会缩到浓缩咖啡杯那么小。糟糕的评分或是来自老板的一句批评，就会让你的情绪泛滥成灾。然而，如果你训练自己忍耐不适感，你的面前就会拥有巨型拿铁咖啡杯，里面可以盛下所有种类的情绪困扰而不会蔓延。和男朋友闹翻、错过班车，上班迟到……这些都不会让你崩溃。这就是韧性的强大——帮你从容驾驭人生的风浪。

练习提示： 当你冥想时，如果有想要挪动或是抓挠的冲动，就把它变成让自己熟悉和适应不适感的一次机会。在你动之前，深呼吸三次，仔细地觉察你在身体的什么部位感受到想动的冲动，如果仅仅是觉察这个部位，而不实际挪动，会发生什么。当你保持好奇心而不屈服于它的时候，你可能会发现你的感觉发生了变化，甚至平息下来。

转瞬即逝

赫拉克利特（Heraclitus）说，改变是人生中唯一不变的。虽然他早已不在，但他说的是事实。你可以确定，不论你当下的感受如何，很快你的感受就会不同。现在正在发生的事情终会结束，然后发生其他事。

没有什么是不变的，没有。有些事物持续时间比其他更长，但是，一切都是暂时的，所有的一切。即使是这个我们所居住的围绕太阳旋转的美丽星球，即使是这个我们正在围绕的太阳。对自己经历的短暂本质有所觉察，会让你在经历痛苦的时候保持耐心，也会提醒你在感到快乐时要全情投入。不把快乐和平静当作理所当然，会让你意识到一天之中所有微小的喜悦：和好朋友的一次谈话、放声大笑、最爱的食物，还有鸟鸣声。

不久前，我偶遇杰莫尔（Jamar），他几个月前上过 Koru 课程。他一直在定期冥想，冥想使他意识到"他有能力应对任何状况。"他告诉我说："我上高中的时候，发生了非常糟糕的事，我曾认为那件事会毁了我的人生。在冥想的某一瞬间，这件事在某种程度上消失了，我现在明白，它已经不再定义我的人生了。"

杰莫尔说冥想让他认识到，哪怕是刻骨铭心的失去都是暂时的，都可以从中走出来。现在，每当他感到失落和不知所措时，他都会提醒自己："这是暂时的，我可以熬过任何事。"这样会帮他感受到对自己韧性的信心。

泰然自若：以平和之心面对逆境

还记得上一章里提到的玛克辛吗？当她接纳了计算机的崩溃，重写项目报告之后，经过努力，她感受到了"相对平静"。这种相对平静的状态，我们称之为镇定。镇定有点难以描述，但是当你感受到了，就会知道，这是一种通过冥想习练可以培养出来的心的状态，一种开放的平和感。

嘻哈大师拉赛尔·西蒙斯是一位资深的冥想者，他定义镇定是"深陷重压，心平气和"，并且还说，他一直认为这种状态很"酷"，不论发生什么，都能保持一种淡定的状态。西蒙斯说："无论是快乐还是悲伤，你都要保持不深陷其中，才能获得镇定的状态"。他强调说，镇定不是压制感受或反应，而是与感受和反应共处的同时，让它们流动起来。

当你看到了人生更大的图景而不再为小事忧虑的时候，你就发展出了镇定。退后一步，用宇航员的视角观看你的世界。如此，你看到的就不仅仅只是头顶的一片乌云，你能看到整个广阔无垠的美丽天空。你透过整个生命维度看见，有暴风雨天和晴天，也有居于两者之间的各式天气。你喜欢蓝天白云，但你也知道你无法控制天气，所以无论天气怎样，你都需要保持一种开放的态度——阳光灿烂的时候，尽可能地享受它，阴雨连绵的时候也一样。

处理最困难的情绪

塔姆（Tam）说："冥想不适合我。我的意思是，我冥想时感到非常平静，但当我停下冥想几分钟之后，我又开始焦虑了，那种平静不持久。"我从许多初学者那里听到同样的说法，他们正设法应对极度焦虑、担忧、悲伤或是愤怒的困扰。当他们感到冥想无法让他们持续缓解问题时，会导致他们半途而废，这可以理解。如果你也有类似的经历，以下几点可能会对你有所帮助。

首先，即便你在冥想时只能从痛苦中得到几分钟的缓解，这练习也很值了。在这几分钟当中，你让你的神经系统从无休止的紧绷和过度刺激中得以休息。即便是这么短暂的休息，都能帮助你训练神经系统少一些反应，多一些弹性。

其次，当你的冥想时间越来越长时，这项练习的好处会开始扩展到你冥想之外的时间段。一旦你花足够的时间面对你在冥想过程中不舒服的感觉，即使在你没有冥想的时间，你会发现自己变得有能力了，能够更频繁地进入镇定状态。

至于要花多少时间才能达到这个效果，并没有循证的科学数据，每个人当然都是不同的。根据我的经验，一旦你达到10~20小时的冥想时间，你极有可能会注意到即使你最激烈的情绪也开始变得比较容易管理了。这个时间听上去似乎很长，但如果你每天练习两个30分钟，在不到两周的时间里，你就能感受到极大的平静。花这么长的时间冥想并不容易，不过许多人都做到了。如果你真的想从艰难的情绪里获得解脱，这可能值得你花时间做个尝试。当你需要在恶劣的情绪中设法平复你的心情时，请记得用我们在第八章里介绍的禅诗。

我并不建议用冥想的方法来处理所有的情绪问题，即便是最有经验的冥想者，也会遇到让他们困扰的情况。这个时候，找咨询师、医生或是精神导师获取帮助是明智的做法。不管怎样，即使是在这样的情况下，连接到处于当下的内在平和之心，都会带给你平静。

镇定培养韧性

当你冥想时，镇定状态会开始出现。渐渐地，这种状态也会出现在你生活的其他时间里。你会开始相信，不论发生什么，你都可以应对。你会感受到愉悦而不忘乎所以，你会感受到失望而不心碎。

通过练习冥想来构建韧性，学会接纳，发展镇定，我们每一个人都可以做到。

坚持下去，保持练习。今天的十几分钟可以让你为迎接巨浪做好准备。

第四部分

发展洞见

第十三章

正念训练专注

现在，你对正念的尝试可能已经进行两到三周了。如果一切顺利的话，你做过练习，应该对我们目前所讲到的概念有了一些切身体会，例如区分思考心和觉察心，用接纳来渡过难关。在这趟旅程中，是时候学一些新的技能了。

首先，我们来学习观想，这是个与众不同的技能。它不是让你把注意力放在当下发生的实际体验中，而是让你用心去创建一个不同的"空间"，让自己在这个"空间"里待一会儿。当你需要从压力、失眠或是身体的疼痛中休息片刻时，这个方法会很有帮助。

本章当中的第二项正念技术，在传统的正念冥想中被称为命名。就像我们在第八章里学习的禅诗，当你思绪河流奔涌之时，这是非常有用的练习。

创想一个特别的空间

观想是应对心理困境（非常强烈的担忧或是失眠）或关键的比赛、表演（命中罚球或是演奏一曲小提琴协奏曲）时非常有价值的工具。当你调动所有感官去想象一个地方或是一种体验时，你的大脑和所有神经系统会构思出一个真实的场景。想象出来的排练和真的排练具有同样的影响，想象出来的放松空间和实际的放松空间同样平静。因此，学会用你的心创想出简短的休息空挡，这是一种有效的压力处理策略。

在接下来的观想练习中，你要用你的心灵创想出一个当你需要解压时可以去"拜访"的地方。我的学生在做这个练习时，喜欢想象他们童年时的家，或是他们思念的其他地方，这会让他们体验到悲伤或是思乡的情绪。如果这种情况发生在你身上，请了解这是正常的。在观想练习当中，你想象的地方引发你的情绪是一种自然现象。许多人认为想象一个熟悉的地方去"拜访"，会感到舒缓和安慰。然而还有一些人，尤其是一些有创伤史的人，去到一个与现实生活没有任何关联，完全是想象出来的地方，效果会更好。因此，你需要找到一个最适合自己的方式，如果观想一个曾经到过的地方让你感觉很不舒服的话，你可以创造一个想象出来的空间，可以是你曾经见过的图片或是读过的书里面的场景。如果观想引发出特别痛苦的情绪，就睁开眼睛结束这个练习。

观想

通读下面的引导词，然后试一下。最好在一个舒适的地方坐着或是躺着来进行这个练习。当你将所有感官都带入到观想场景中的时候，这个练习的效果才是最好的。留意你的感觉、周围的气味、声音和味道，以及你看到的颜色和一些细节，在你沉浸在整个练习的过程中，试着打开你所有的感官沉浸其中。

观想练习

找一个舒服的地方坐下，闭上眼睛，想象一个令你感到完全安全和舒适的空间。可以是一个真实的

关注公众号，回复"dlyp"，免费获取本书练习音频

地方，一个你曾经去过的地方，室内或室外的都可以。也可以是一个想象出来的地方。重点只有一个，就是这个地方可以让你感到舒适和安全。如果你联想到不止一个地方，就选择其中的一个，然后把你的注意力放在那里。

开始用周密的细节将这个特别的地方视觉化。留意一

下，你周围是什么颜色？什么样的温度？你感觉冷还是暖？你穿着什么？有什么声音？香味？感受你的身体在这里休息着。有什么东西是你可以触碰或是感觉到的吗？留意这个让你感到安全和舒适的地方具体是什么样的。

环顾四周，看看是否有什么人或物需要加进来或者移出去，来使这个地方更加舒服和安全。

当你将这个空间完全视觉化之后，依照你自己的意愿，花足够多的时间让自己沐浴在这个氛围当中，完全沉浸在你创想的这个空间的安适里。

当你准备好结束的时候，不用着急。觉察你的身体被某种家具支撑着的感觉，觉察几次深缓的呼吸。当你准备好的时候，睁开眼睛。

任何时候，当你的神经系统需要从压力中休息一会儿，特别空间的观想总是有帮助的。当你因为脑子里盘旋太多想法而睡不着的时候，你可以借助观想练习来平复你的心情。补牙的时候，或许你想用观想打造一个比牙科治疗椅更舒服的地方。如果你的工作面临挑战，午休的时候去"造访"一个平静的环境会是特别好的解压方式。

即便这不是一个纯粹的正念练习，但仍是很好的注意力训练练习，就其本身而言，它能够支持到你的正念实践。和你所学的其他技能一样，正念需要习练。如果你擅长视觉化思考，这个技能对你来说就比较容易掌握。如果你不习惯用视觉化的思考方式，可能要多花一点时间来掌握它。在判断这个练习是否对你有价值之前，请确保自己试上几回。

识别并松开念头

命名，有时也被称作标记，是一项常用的冥想技术。在这个冥想练习中，你将学会在心中念头升起时去识别或命名它。

在冥想的时候，命名会让你对出现的念头保持醒觉。当念头出现的时候，给它们命名可以帮助你观察它们，而不过多地卷入到念头内容中，这样就比较容易放下念头，回到呼吸这个当下的锚定点上。

命名利用了一个事实，即我们的心倾向于形成某种特定的思维模式。我们已经谈到过一些常见的思维模式，例如评判自己的经历，或是想要事情和现在不一样。还有许多其他类型的思维模式，例如，总是忙于做计划和列出待做清单，总是担心未来，或者是回想过去。

命名的时候，你一留意到念头，就给它们贴上一个描述性词语。开始这么做最简单的方法就是，一旦你留意到念头出现，就对自己默默地说"念头"。有些人喜欢用成像方式做这个练习，视觉化一个实际的标签出来。有些人把描述性词语念出声来，以便锚定他们的注意力。当你命名完念头之后，就放开它们，把觉知带回到呼吸上，同时对你下一个即将出现的念头保持醒觉。

当特定类型的念头出现，而且变得清晰起来的时候，你可以使用比较具体的描述性词语。你可以用"评判""计划"和"想要"或者任何适合你所注意到的念头所属类型的词汇来描述它。

命名练习常见的弊端是纠结于设法找到一个"准确"的词语来命名。当然了，这也仅仅只是更多的念头而已。如果你发现自己正在评估到底选哪个来命名，就回到统一用"念头"来命名。

最后，当你命名的时候，对你的"声音"语调保持正念。命名是觉察，不是批评。怀着友善和好奇来命名（真有趣，更多的评判出来了），而非不耐烦或不赞同（天呐！我简直无法相信我有这么多的评判）。

说了这么多有关命名的想法，现在该试一试了。

命名念头的冥想

通常你会伴随着观呼吸来做命名练习。开始之前，将冥想的计时器至少设定为十分钟，以冥想的姿势坐下来。如果你需要冥想姿势的提示，请参阅第二章的练习提示。

命名念头练习

根据你所处的位置，留意你的脚和身体与地面或椅子接触的部位。留意你的手放在大腿上的感

关注公众号，回复"dlyp"，免费获取本书练习音频

觉，觉察你周遭的声音，缓缓地做几个深呼吸，然后自然地呼吸。开始观察你的呼吸出入身体时的起起伏伏，而不试图以任何方式去改变它，尽可能把你的觉知安住在你呼吸的感受上。

对进入你意识里的念头保持醒觉。当你知道你的心正在思考，就默默地对自己说"思考"，然后就放下这些念头，把你的觉知带回到呼吸上，这是你体验当下的锚定点。

每当念头出现，就命名它为"念头"，然后回到呼吸上。如果你很清楚地看到你正在计划、评判或是在担忧，那么你就用这些词来命名。不要掉到花许多时间思考命名的陷阱里，命名，然后回到呼吸上，让你的念头在河流里流走。

请记住，你不是在试图阻止念头。念头会不停地出现，因此你不断有机会观察、命名并放下念头。放下任何有关你做得对不对的评判。就把这些担忧视作"评判"，然后把你的觉知带回到呼吸上。

继续以这样的方式，培养好奇、耐心和友善，直到你的冥想计时器结束这一段练习为止。结束的时候，做一个深呼吸，睁开眼睛，然后以你自己感觉舒服的任何方式伸展你的身体。

练习命名念头的冥想，直到你感觉已经掌握它。通过命名，你会对你念头河流里的内容越来越熟悉。当你练过一段时间之后，看看你能识别到哪些由念头组成的思维模式。对你最常见的思维模式保持觉察，对你心的运作方式保持洞察。

> **练习提示：** 禅师铃木俊隆说："我们修炼的最重要一点就是要有正确的努力"。"正确的努力"在冥想中指的是你带入到练习中的努力是平衡的，没有任何企图地处于当下，而不是去想每个片刻会带来什么。

冥想的时候如果你施加了太多的努力，尤其是当你试图获得某种特定的心智状态时，你会感到紧张和困扰，就像你给自己的心套上了紧箍咒。不久，你就会变得害怕冥想。如果你不努力，那么你就只是在放松，不是在冥想，不太可能得到太多的进步，这样最终会削弱你继续下去的动力。

什么是"正确的努力"呢？想象一个篮球队员，他正准备罚球。如果他用力过猛，他的投球就会毫无意义地猛烈撞上篮板。如果他用力太小，那就成了篮外空心球。为了投中球篮，需要恰到好处的用力。类似地，有效的冥想练习需要恰到好处的用力：要有足够的努力让你保持醒觉，并对正在发生的一切保持开放，但又不能太过用力，以免产生阻碍和自我批评，运用命名是培养正确努力的好办法。

你可以将观想和命名这两个练习加到你冥想与正念技术的集合里，这样你就可以在每天正念练习时从中选择使用。记得练习你学过的所有技能，只有这样你才会知道在特定的情况下哪个练习最适合你。为了从正念练习中获得最大化的价值，继续记录每天感恩的两件事，每天带着全然的正念做一件事。

现在，我们把注意力转向持续正念练习带来的最大价值：自我认知的提升。

第十四章

智慧：从实践中习得

既然你已经走到这一步了，我要告诉你一个小秘密。虽然我一直把正念作为应对压力的方式，但在我看来，正念最深刻的意义，在于对自我的探索和对智慧的追寻。

智慧不等于知识，知识是信息的积累。当你准备考试或学习一门新的编程语言时，你会获得知识。智慧则是对自己和世界基本真理的洞察，你必须经历生活才能获得智慧。就好像你能通过知识学习，知道水在什么温度结冰，但你也许不知道冰冷刺骨是一种什么样的感觉。

当你观察生活中的因果关系时，智慧就会得到发展。在你二十多岁的时候，你会有很多机会进行这种观察。例如，当你从一次糟糕的分手中解脱出来，或者体会到用善意对待难缠同事带来的好处时，你就能获得智慧。一名学生告诉我，他在因"参加派对而荒废学习"被退学后获得了智慧。正念促进了这一过程，它为你提供了一个工具，让你对自己的所有经历进行非评判性的评估。

不要错失失败

最好的学习机会，出现在我们犯错或彻底失败的时候。如果我们愿意不加评判地觉察我们的选择和行为后果，我们就能从痛苦的经历中有所收获。德宝法师是一位非常睿智的老师，他这样说："意识到错误的危害，会让你在未来更有动力去避免它们。"。

有一个古老的故事可以阐明这个道理：

年轻弟子："有智慧的老师啊，请问幸福的秘诀是什么？"

睿智老师："明智的选择。"

年轻弟子："我如何能做出明智的选择？"

睿智老师："变得有智慧。"

年轻弟子："我如何变得有智慧？"

睿智老师："做出糟糕的选择。"

睿智的老师知道，当我们认识到自己做错，并思考下次如何改进时，我们就会成长。他还知道智慧是创造快乐和幸福生活的必要条件。当我们如此害怕犯错误，以至于失去尝试的勇气的时候，我们就剥夺了自己增进智慧的机会。

不加评判地觉察，能帮助我们分辨出选择的好与坏。当你把事情搞砸时，为了让你犯的错引领你通向更高的智慧，你必须停止抱怨他人（事情搞砸了都是你的错）或责备自己（我太笨了，我学不会）。相反，你应该观察哪些方法行不通，然后下次尽你所能做出不同的选择。请记住，你把事情搞砸了并不意味着你是一个糟糕的人，你只是犯了一个错误。从中吸取教训吧，然后继续前进。

科学笔记： 心理学家杰弗里·阿尼斯（Jeffrey Arness）最初将迈入成年时期定义为一个独特的发展阶段，他对马里兰大学的学生进行了调查，以更好地了解他们对一些话题的态度。他发现，学生对大学生活的满意度，主要取决于他们的个人成长经历。不管他们学术经验如何，如果学生认为自己在这个过程中变得成熟了，他们就会认为自己的大学生涯是成功的。这种对个人成长的渴求正是二十多岁年轻人能从正念中获益良多的原因。

看到前因后果

拉克希米（Lakshmi）是一名大四学生，正面临要做出大学毕业后生活的种种决定。离毕业越近，她聚会的次数就越多，常常在晚上喝得烂醉如泥。直到她开始练习正念，并逐渐觉察到饮酒给她带来的一些负面影响，尤其是她在醉酒时做了一些清醒后会后悔的事。她还发现，她其实是在用聚会来逃避人生决策。一天，拉克希米说："我现在戒酒了。这本不是我在杜克大学最后一学期的计划，但这是我现在想做的。我不想评判别人，但对我来说，如果我在喝醉的时候做了平时不会做的选择，我就是在自己与人生目标之间设置障碍。"

当正念练习打开了她对这些后果的觉察时，拉克希米做出了不同的选择。正是这种感觉，促使她以不同的方式做事。这就是我们所说的智慧——清晰的自我认识。

想一想 ————————————————————————

昨天的我是聪明的，所以我想改变世界。今天我是智慧的，所以我正在改变自己。

——鲁米（Rumi）

潜入本真

错误当然不是获得智慧的唯一途径。通过持续练习，不加评判地觉察和正念冥想，你会为自己打开无限次体验式学习的机会。

你的意识就像浩瀚的海洋，海平面受日常生活中不断变化的风向影响而起伏不定。海洋深处，虽然通常被表面波动所覆盖，但它仍是平静而清澈的。通过冥想向深处探索，你就会开始发现你真正的价值、渴望和信仰。

当你在海面上漂浮时，你会被你的朋友、家人和公众观点所形成的洋流所左右。渴望被认可和希望避免使人失望强烈地牵动着你的感知，这个倾向是我们所有人的共性。对你来说，虽然所有这些因素都是重要的参考，但它们都不能代表你的本真。随着你正念水平的发展，你将能够进入你头脑中清澈、平静的水域，并在那里有所发现。你最重要的洞察正是在这个平静而清晰的地方产生的。

练习建议：试着本周至少延长一次正念练习时间。更长时间的练习将安抚你头脑中的起伏，使你更容易地探索深处的清澈，获得更深的洞察。把你的计时器设为 20 分钟，使用我们在第13章中提到的命名念头技术，来帮助你缓解久坐时可能出现的恐惧或不安。你可以把这些负面情绪命名为"阻力"，然后再回到你的呼吸上。记住，漫长的时间是由简单、易观察的瞬间组成的。一呼，一吸。

觉知的力量

有时正念带来的洞察能改变人生。一天，多米尼克（Dominic）在他的 Koru 课上宣布："我决定不上法学院了。"多米尼克告诉我们，虽然读法学院曾是他多年来的目标，但正念练习帮他发现实际上他对律师所做的事情毫无兴趣。"能清楚地觉察到这点真是太好了，我就像刑期得到了暂缓一样。"

当多米尼克能够觉察，并接受自己对成为一名律师的真实感受时，他非常清楚法学院不适合他。他透过对别人的喜好与期待的反应，看到他内心深处的真实感受。这种新的觉察给了他改变人生路径的信息。

我想说明的是，并不是说每个人一旦开始练习正念，就会改变他们的人生道路。正念当然不会让我们所有人都放弃我们的计划。我们每个人都是与众不同的。正念可以帮助你找到自己的最佳选择。

思考 ─────────────────────────

　　练习正念就像打开阁楼上的一盏灯。灯光映照出宝藏，也照出那些我们以为已经处理掉的旧垃圾，以及需要清理的尘土飞扬的角落。但不管阁楼已经处于黑暗中多久，也不管里面有多少东西，它都值得你打开灯看一看。

——莎伦·萨尔茨伯格

小小洞察的积累

　　有时，我们的智慧并不只来自于伟大的洞察力，还来自于随着我们练习正念而进入我们觉察的事实。多年来，学生们在我的 Koru 课上分享了很多的洞察。例如，一个学生惊讶地发现，如果事情没有按照他的意愿发展，他的大脑会很快地去找个人来责怪。他意识到，这种条件反射是他保护自己的一种方式，从而使自己免受对自己过失的担忧。他说：“我现在意识到，并不是每件事都是某人的错。”

　　另一名学生发现，她不断地把自己与其他学生比较。这种比较让她感到自己总有不足之处，以至于她无法认可自己的长处。还有一位学生则意识到，她几乎所有关于如何管理时间的选择，都是基于对自己"应该"做什么的内疚感。她发现这种方式使她心中产生了长期的愤懑，这对她和她的人际关系都是不利的。

另一名学生分享说，他越来越了解自己的精力水平、集中精力的能力和完成作业效率之间的关系。这使他能够调整学习计划，提高效率，减少压力。

这些小小的洞察积累起来，增加了我们对自我的洞悉，帮助我们对自己的行为做出一些小小的调整。随着时间的推移，可以让我们走上更令人满意、更有意义的人生道路。

真实不等于永久

通过经验的积累，以及发展出对人生重要的洞察力，正念能促进自我觉察。然而，我们需要知道的是，即使你冥想的时间足够长，你都无法拥有一个固化、不变、真实的自我。相反，当你对自己思想的观察变得更加准确时，你会发现一个有各种变化且冲突的自我，你对事物的反应和表现出来的情绪都是当时环境的产物。例如，在考试后睡眠不足回到家时的你，和休息得很好、对最近取得的成就感到高兴时的你，对需要帮助的朋友的反应就会有区别。因此，在不同的时间和环境中，你的感受和行为会有所不同。正念让你意识到影响你的因素，并创造机会做出明智的选择。

这些当下的选择，在很大程度上取决于你认为生活中什么是真正重要的。这个话题我们将在下一章探讨。

第十五章

价值观：什么是真正重要的

66 人们常常会清醒地意识到，生命并非是理所当然的，而是上天赐予我们的宝贵的礼物。并且，生命比金钱更重要"。《幸福假说》（*The Happiness Hypothesis*）的作者乔纳森·海特（Jonathan Haidt）表示，这往往是人们在确诊患有绝症后会得出的结论。这种突然清晰的觉察，激励他们在剩下的时间里以不同的方式生活。至于他们的遗憾，是后悔没有赚更多的钱？后悔没有更努力地工作？不。他们后悔没有更早地理解生命中每一刻的内在价值。

直至面对死亡时，才认识到生命中什么是有价值的，这真是一件很悲哀的事。意识到自己的时间所剩无几，会让你努力活在当下，从而清晰地认识到什么是最重要的。幸运的是，冥想等正念练习也有同样的效果。因此，你可以从现在开始，记住你的生命是有限而宝贵的。

成就与存在

在我们的文化中，我们重视行动和成就，而非只是活着。诚然，有成就是一件好事。如果我不这么说，你完全可以给我贴上伪君子的标签。但是，人生的意义不仅是获取成就。那些在生命最后时刻对人生价值的洞察证实了这一点：活着本身就包含了许多快乐和智慧。每时每刻都有被忽略的奇迹。想想看：你的每一次呼吸都将空气吸入你的身体，从中提取氧气为你的细胞提供能量，然后将空气返还到环境中。多么奇妙啊！它和你能想到的任何其他成就一样神奇。

想一想

人们旅行时惊叹于山川的雄伟、大海的波澜壮阔、河流的绵长、星空的浩瀚，但他们却错过了惊叹人自身的神奇存在。

——圣·奥古斯汀（Saint Augustine）

存在与成就

记住这个区别：你不是人累，你是人类（You are not

a human doing. You are a human being.)。你的生命因你的存在而有价值，不管你的成就有多少。生活是绝对不平凡的，但是因为每天发生在我们身边的事情是如此地平凡，以至于我们对生命的体验变得平淡无奇。想想看，你从母亲子宫里的一颗小种子开始生长，你的存在是如此复杂而神秘，甚至连最高明的神经科学家都无法解释。你的1000亿个神经元，以一种产生自我意识的方式连接在一起。不像其他动物，人类能够思考一下思考过程的本身。接触生命力本身的魔力可以让你醒觉，这样你就不会认为这一切都是理所当然的。

发现你的价值

如果你认同上面所说的"成就"与"存在"孰轻孰重，那么，在你的人生中，与其问"我想要完成什么？"，不如问问自己："从现在开始，我想要什么样的人生？我想成为什么样的人？"

这些问题的答案将引领你进入专注于当下的生活，围绕着有意义的事物而存在。当你开始考虑你想要的生活时，你可能会想到建立稳固的人际关系、有所作为、拥有经济保障等。你可以在日常的点点滴滴中践行这些价值观，而不用等到非要实现某一目标后再这么做。

你的价值观是你从家人、朋友、各种导师和媒体那里学到价值观的大杂烩。它们会随着年龄的增长而发展，因为你的生活经历会对你的价值观产生强大的影响。上一门经济学或环境科学的课、在做一份低薪工作的同时挣扎着支付你的账单、目睹或经历压迫和不公正、还未成年就失去所爱的人——种种经历塑造了你和你的价值观。

你的价值观就像指引你前进的指南针，可以引领你人生的所有转折。但你必须看着指南针才能从中受益，而指南针就在你的内心，在你起起伏伏的思考心之下。

想一想

大多数人认为成功就是实现目标。但我想它还有另一个定义：成功是按照我们的价值观生活。有了这个定义，我们现在就可以成功，即使要实现我们的目标可能还有很长的路要走（即便我们可能永远无法实现它们）。

——拉斯·哈里斯（Russ Harris）[①]

---

① 著名心理学家，享誉国际的接纳承诺疗法（ACT）培训师。——译者注

把你最关心的事情列一个清单。你可以考虑列出财务安全、关心他人、关心环境、独立、精神性、创造力、健康和健身、个人快乐、家庭和朋友这些事。如果你想到了其他内容，也把他们加进来。首先，把这些项目按照你最关心的顺序排序，然后再按照你在这些事上花多少时间的顺序，把它们再做一次排序。这两份清单一致吗？你最关心的事是否只占据了最少的时间？想想你该如何调整你的生活，让这两个清单更加同步。你的行为和价值观之间的差距越小，你就会越快乐。

练习提示： 在开始冥想之前，你可以通过设定一个清晰的目标来引导你的思绪，使之朝觉察当下的方向发展。在你开始计时之前，记住你的意图，不加评判地保持你此刻的觉知。放弃任何特定的冥想目标（如我希望冥想结束时我感到放松），取而代之的是，尽你所能地去观察每一次呼吸，让自己就只是观察正在发生什么。

你所需要的那些其实你已拥有

相较于追逐成就，把重心放在存在感上会让你明白，在这一刻，你可能已经拥有了让你快乐所需的一切。南极探险家理查德·伯德（Richard E. Byrd）一路上花了大量时间披荆斩棘，最后得出结论："世界上一半的困惑，来自不知道我们需要的东西其实是这么少"。当你锚定在当下，你的困惑就会减少。

有一次，我在一家餐厅无意中听到一位父亲和他儿子的对话，他儿子看起来大约三岁。父亲试图教儿子区分"想要"和"需要"。爸爸指着儿子的运动鞋说："看来是时候给你买双新鞋了，你是需要新鞋还是想要新鞋？"男孩盯着自己的鞋子看了一会儿，然后抬起头说："这是双好鞋，我要留着这双鞋。"

这个男孩给他爸爸上了更重要的一课：如何对你所拥有的感到快乐，孩子们明白这一点。他们知道价值与完美的外表无关，他们知道如何从眼前的事物中获得大的快乐，而并非总是在寻找更好的东西。随着我们的成长，我们已经认不出眼前的完美，当完美装扮成一双破旧鞋子的时候，我们就看不出来了。

德行

如果你能从自己选择的有道德的行为中获得内心的平

静，你就更容易感受到每一刻的完美。你的道德标准，即你所认知的观点和行为的对与错，受到你价值观极大的影响。我们通常用社会或宗教建立的道德规范来考量伦理，但在这里我谈论的是你自己的个人伦理。

一般来说，冥想老师会避免使用"对"和"错"这样的字眼，因为它们显得太具有评判性；我们更喜欢使用"善巧的"和"不善巧的"这两个词。在这种情况下，有善巧的选择意味着与你的个人道德标准一致，并能使你内心获得平静。在某种程度上，不善巧的决定会让你感到不舒服——扰动你的思绪，让你夜不能寐，或者导致其他形式的不适，比如羞耻感或内疚。

如果你知道欺骗男朋友是错误的，但你还是这么做了，你已经违背了自己的道德，你可能会为此感到内疚。因此，我会说选择欺骗是不善巧的，其结果将是失去内心的平静。如果你一次又一次地做出不善巧的选择，你会让自己陷入很多不必要的痛苦之中。

有规律的冥想练习会引导出你更有道德的行为，因为它会让你对自己的选择及其后果产生精确的、非评判性的觉察。你会注意到什么时候你的行为是善巧的（促进内心的平静），什么时候不是（破坏内心的平静）。

内心更多的平静意味着更少的痛苦，所有人都想少受些苦。当你越来越了解自己和他人痛苦的原因时，你就会不可避免地改变自己的行为，减少痛苦，除非你是一个无法控制自己的精神病患者（从统计学上讲，你应该不是）。

停一停

舒服地坐下，闭上眼睛，把你的觉知放在你的身体上，感受你的身体正在呼吸。回想一下你做了或说了什么是让你后悔或担心的。注意，你的遗憾或担忧，是与你个人道德标准相冲突的行为所导致的吗？下次当你处于类似的情况下，如果你能全然觉察，并做出一个不同的选择，会让你的内心更加平静吗？

想一想

在你懂得更多之前，全力以赴。当懂得更多时，做到更好。

——马娅·安杰卢[1]（Maya Angelou）

---

[1] 美国民权活动家、流行诗人和回忆录作家。——译者注

僵化的教条主义十分乏味

　　过分依赖个人道德和对道德一无所知一样，会带来问题。过分执着于观点和价值观会导致僵化的教条主义。僵化的教条主义十分乏味。更糟糕的是，僵化的教条主义会阻碍你的学习和进步。事实上，如果你执着于一个特定的观点，当你听到有人反驳它时，你可能会更加坚定地相信自己最初的观点，这就是一个问题。显然，无法考虑和吸收新信息干扰了你的成长和变化。如果你能觉察到自己的价值观和道德观，但又能客观、轻松地看待它们，你就能变得思想开放，有兴趣向持有不同世界观的人学习。

　　当你过于执着于自己的观点时，你的正念技能会提醒你。当面对不同的观点时，你往往会表现出躁动或愤怒。这时，深呼吸，在说或做任何事之前暂停一下。记住，人们所持有的不同的观点——都是由不同的价值观和人生经历决定的。试着放弃想要成为"对的"的欲望或把别人视为"错的"的冲动，这是一种自然但通常无益的反应。我们最终都想要同样的东西——远离痛苦，我们只是对如何到达那里有不同的想法。

非常快乐

被价值观和个人道德所引导与追求快乐是不一样的。年轻人经常被建议选择自己喜欢的职业，追求自己的快乐。在我看来，这个建议可能并没有看上去那么有用。

首先，不是每个人的兴趣都可以变为工作。我经常看到学生们因为无法找到适合自己的工作而陷入迷茫。更重要的是，大多数需要做的工作都不是人们有热情做的工作。这些工作中有许多是20多岁的人为了维持生计而做的：当服务员、洗碗、美化环境和照顾孩子。过多强调由兴趣驱动的重要性，会让人忽视从有价值的工作中获得的满足感。

那些让你追求快乐的建议可能忽略了这样一个事实：你的幸福就在此时此地，不需要跟随它走向未来。早晨在温暖的床上醒来是非常快乐的、饱餐一顿是非常快乐的、得到陌生人的微笑是非常快乐的。快乐没什么特别的，因为它并不罕见，它随处可见。同时，又因为它是如此难以被觉察到，它是世界上最珍贵的财富。

想一想 ————————————————————————————————

你从一个房间到另一个房间，

寻找你的钻石项链，

其实它就在你的脖子上！

—鲁米（Rumi）

———————————————————————————————————

没有人能通过讲述来告诉你什么是重要的，并对你产生真正的影响。这是你必须通过经历才能获得的智慧。冥想练习是发现你生命中所有宝藏最可靠的途径。

第十六章

幸福的技能

幸福不是简单的运气，而是一种可以习得的技能。这是法国科学家兼佛教僧侣马修·里卡德（Matthieu Ricard）的观点，他对这一课题进行了广泛的研究。里卡德将幸福定义为"从心灵深处升起的一种深刻的绽放感。这不仅仅是愉悦的感觉、转瞬即逝的情绪或是心情，而是一种最佳的存在状态"。

我们生活中的幸福主要由三个因素决定。首先，我们遗传决定的特质约占我们幸福水平的一半。这是我们无法改变的地方。

其次，我们的生活环境对幸福感的影响出奇得小——大约只有10%。这就解释了为什么你会发现不快乐的人似乎拥有一切，而非常快乐的人却经历了很多苦难。你生活的实际情况对幸福的影响并不那么重要。

最后，剩下的 40% 是由我们有意识的行为决定的，反映了我们对生活环境的思考和理解。因此，如果你只考虑对幸福重要的可变因素——你的生活环境和你思考及理解环境的方式，这些因素决定了你 80% 的幸福。当里卡德说幸福是一种后天获得的技能时，他指的就是这一大块。

习练幸福吧

如果幸福是一种技能，那么和所有技能一样，它也需要练习。你如何实践幸福？你猜对了：冥想。

科研人员比科·伊耶（Pico Iyer）的研究发现，"在测试了许多冥想 1 万小时或更长时间的受试者和没有冥想过的受试者之后发现：那些冥想多年的受试者获得了一种前所未有的幸福，毫不夸张地说，这是神经学文献中从未见过的"。

1 万个小时的冥想时间是相当多的，所以如果你想要拥有很多的幸福，你最好现在就开始。好消息是，我们大多数人能满足于一般意义上的幸福，这几乎不需要花那么多时间去练习。我冥想没多久就意识到自己变得更放松了，我也从我的许多 Koru 学生那里听到过类似的反馈。

幸福与愉悦感

有人可能会把幸福和愉悦感混淆，尽管它们是截然不同的。愉悦感是短暂的，幸福却是持久的。愉悦感取决于外界的环境，而幸福取决于我们的心智状态。你可以从别人的付出中获得愉悦感，但却无法获得幸福，事实就是如此。

想想看那些能给你带来愉悦感的事情：一个热水澡、一餐美食、一双漂亮的鞋子，甚至是一次美妙的性爱。所有的这些都是短暂的美好，但它们带来的愉悦感终会结束。如果这些"美好"没完没了地出现，你就会失去乐趣，甚至有一天会厌倦。

真正的幸福是一种心灵上持久而崇高的安宁，你永不会厌倦它，但你必须不断地培养它。

培养幸福

培养幸福需要深思熟虑和细心呵护，就像照看花园一样。你的正念冥想是其中重要的组成部分，它准备和滋养土壤，并保持它的健康。你的正念练习也为你提供了引导价值观的洞察，指导你选择播种幸福的种子。一般来说，幸福的种子是积极的心态，如感激、慷慨、善良、谦逊和同情心。

　　有些人担心，如果他们培养了太多的幸福感，他们可能会失去竞争力。ABC 新闻主播丹·哈里斯（Dan Harris）在他的《更幸福的 10%》（10% happier）一书中分享了他与这个难题的斗争经历。当他的冥想练习增强了他的慈悲心时，他担心自己正在失去成功所需的精明和进取心，这是他在竞争激烈的电视新闻界取胜的核心竞争力。他最终认识到，随着他变得不那么"混蛋"，他不必放弃自己的抱负，他的职业生涯也随着冥想练习而继续发展。他说："慈悲心有战略上的好处，可以为你赢得盟友。还有一个事实是，它会让你成为一个更有成就感的人"。

　　关于幸福的研究支持这样一种观点，即幸福感不会妨碍实现人生的重要目标。幸福已被证明能产生一系列切实的好处，包括更高的结婚概率、更低的离婚概率、更多的朋友、更强大的社会支持、更强的创造力、更高的生产力和更高的收入。

　　所有这些发现都印证了我的个人观察。我从未见过有人因为成为一个更快乐、更友善的人而变得更不成功。除非你的内心渴望成为一个报复心极强的独裁者，否则我不相信它会干扰你实现目标。

当心杂草

　　要使你的花园茂盛，你必须管理好杂草。杂草是消极的心理状态，如贪婪、嫉妒、偏执和仇恨。随着你观察力的发展，你会发现自己在做评判或行事时有些粗鲁，你会注意到这给别人带来了不适。你不喜欢这种感觉，慢慢地，你会开始少让这样的情况发生。这就是你发现杂草并把它们清除的方法。拉塞尔·西蒙斯亲身经历了这一过程，他说："当你把所有的评判都从心里除走时，心里的空间并不是空的。当你摆脱了评判，真正取代它的是慈悲心"。

　　贾森（Jason），我以前的一个学习 Koru 的学生，分享了他的情感生活在四年定期冥想练习过程中发生的变化。早期，他发现了一些自己让人不舒服的行事方式，比如骑车上班时有人挡了他的道，他就会发脾气，说一些只会"助长自我"的话，不能好好倾听。他说："起初我不知道该怎么办，因为似乎我越努力纠正这种思维方式，它就越顽固。但最终，每当我注意到它的时候，我就开始呼吸，这给了我一点额外的空间来做出不同的反应。或者，干脆就此放下，尽管这些习惯还在，我也要对自己好一点。"随着时间的推移，其中一些习惯已经开始改变。现在，他发现自己更能理解别人的感受，也更容易体谅那些最难相处的人。他不再会因小事生气，他愿意倾听别人的意见。最后，他谈到了自己的冥想练习："这是一条艰难的路，但它最终是一条通往平静的路，我很高兴我能在读博士的初期就踏上这条路。"

贾森的冥想教会他觉察到那些他不太喜欢的想法和行为，而不是一味地进行无益的自我批评。在这种不加评判的觉察下，他的消极情绪开始减少。贾森现在对他的生活很满意，对工作也很满意。达到他这种状态是需要付出努力的，而这一切的努力都是值得的。

科学笔记：东北大学的科学家们进行了一项研究，以验证冥想是否真的会助长同情行为。

首先，他们教一半的研究对象如何冥想。然后，他们把所有的受试者送到一家医院，他们需要在那里等待直至名字被叫到。候诊室里摆了三把椅子，当实验对象到达时，已经有两名演员坐好了，迫使实验对象只能坐在剩下的那把椅子上。几分钟后，第三个演员拄着拐杖走进房间，看上去很痛苦的样子。两个已经坐好了的演员明显地无视了那个痛苦的人。测试：学习过冥想的受试者是否比没有学习过冥想的受试者更可能做出同情的行为？

结果表明，冥想者更有可能做出同情的回应，他们让出椅子的可能性比非冥想者高出 300%。冥想者究竟是能更清楚地觉察到痛苦，还是因为更易被感知到的痛苦而困扰尚不清楚。不管怎样，冥想者的行为明显更富有同情心。

研究者之一大卫·德斯特诺（David DeSteno）在谈到这项研究时说："这项发现真正令人惊讶的地方在于，冥想使人们愿意表现得善良——帮助另一个正在受苦的人，即使其他人没这么做。"事实是，其他行为者忽略了痛苦，产生了一种通常会减少助人行为的"旁观者效应"。

表现得快乐

营造积极心态对培养幸福大有裨益。要知道，你不能强迫自己去产生任何特别的感觉，也没必要因为没按照你认为应该的方式去感受而评判自己。简单来说，我们只能感受我们所感受到的，但我们可以选择我们的行为。我们可以选择自己的行为方式，为积极心境的发展和生长创造条件。

有一些行为已经被证明可以助长幸福。例如，利他主义——为他人做好事而不期望个人收益会让你快乐。对比那些由于个人获益而感受到的愉快，利他行为创造了更持久的情绪提升。

其他滋长幸福的行为包括培养感恩之心和做出慷慨的行为。无论你感觉如何，你都可以参与这些行动。与其等着自己感到快乐才去表现快乐，不如试着表现快乐，看看会发生什么。

想一想

生活中最持久、最紧迫的问题是："你为别人做了什么？"

——马丁·路德·金

停一停

今天，在你睡觉之前，为别人做一件好事，不要期望有什么回报。明天做同样的事。试着留意这种行为是如何影响你的情绪和你的一天的。如果这对你有用，你可以做一个日行一善的承诺。

伴随你正念练习的进展，你可能会发现你对自己和他人的批评少了，能更快地帮助别人，也不太会做出让你后悔的事情。这也会让你感觉更快乐。如果你在阅读这本书的过程中每天都在冥想，你可能已经能够察觉到这些变化的早期迹象。我希望你对这些成长感到兴奋，并且会坚持下去，继续培育你的幸福花园。

第五部分

继往开来

第十七章

正念充实你的生活

恭喜！你已经进入到最后两个 Koru 技术的学习。在本章中，你将学习如何进行正念饮食和命名感受。正念饮食就像它听起来的那样：用伴随进食的感觉作为正念觉察的对象。正念饮食通常是你学习正念时学到的第一个技术，但我们 Koru 的学生多次提到，希望最好把这个正念技能留到最后。到目前为止，你在正念方面获得的经验，将使正念饮食这个技术变得更加有效。

命名感受的正念练习是对你在第 13 章学到的命名念头的扩展。一般来说，命名练习是一种稍高级的技术。命名情绪需要心的稳定，这就是为什么它是我们教授的最后一个练习。它特别有效，因为它是一种应对强烈情绪的策略，这些情绪勾勒出我们重复出现的思维模式。

正念
青年

第五部分 继往开来 163

饮食：被低估的乐趣

饮食通常是一种不被重视的活动。虽然吃饭是一天中多次体验快乐的机会，但我们大多数人几乎没有感知到我们的食物，总是一边盯着电子设备，一边无意识地把食物塞下去。

想想我们可怜的祖先，他们在严酷的冬季别无选择，只能吃干的根茎和坚果，而现在的我们则能从丰富多样的选择中仔细地选择食物，挑选出最能让我们获得满足感的食物。遗憾的是，我们狼吞虎咽地吃下去，几乎对我们口中的美味毫无感知。

正念饮食

正念饮食就是要改变这种模式。它让你的觉知完全开放给那些美味的、维持生命的、奇迹般的食物。从认识食物的起源到品尝舌尖上的每一个分子的味道，正念饮食赋予了进餐一个完整的体验。即使是简单的食物，在完全有觉知的情况下也会变得很不一般。

正念饮食练习

关注公众号，回复"dlyp"，
免费获取本书练习音频

找一些简单的食物做正念饮食，比如葡萄、莓子或苹果都是不错的选择。找一个安静的地方不受打扰地坐着，把食物放在腿上或面前的桌子上。

闭上眼睛，做几次缓慢的深呼吸。当你觉得准备好了，睁开你的眼睛，凝视你面前的食物。注意它的颜色、形状和质地。当你看着食物时，留意你身体的任何感觉或任何想法。花点时间想想这些食物是如何到达这里的，有人在某处种下了种子，阳光和雨露落在泥土上。植物生长后，有人收获了它，然后把它一路运到商店。你面前放着从土壤中长出来的美味的食物，这是一个小小的奇迹。

把食物拿在手里，继续对你注意到的一切保持好奇。那是什么感觉？它的质地、温度、重量是多少？留意你在观察食物时的任何想法，你嘴里有没有什么感觉可能在暗示你想要吃它？

把食物举到鼻子边，看看能不能闻到香味。把食物放进嘴里，保持一会儿，不要咀嚼。

你注意到了什么？味道？纹理？温度？想要开始咀嚼？还有其他的想法吗？一旦你仔细观察，就开始咀嚼，一次只咬一口。当你咬食物的时候会发生什么？味道会发生什么变化？你的嘴和舌头是怎么协作的？你在哪个部位品尝到了味道？

继续慢慢咀嚼，不要吞咽，尽可能多地体验这个过程。注意你舌头的动作和牙齿的咬合方式。最后，当你准备吞咽时，要留意这个动作是如何发生的。是哪些肌肉在工作，使食物进入你的喉咙？当你吞咽食物时，你在什么时候觉察不到食物了？

吞下一口食物后，你现在留意到的想法、情绪和感觉是什么？

现在重新开始，再吃一口同样的食物。仔细观察食物的外观和香味，然后开始品尝和咀嚼食物。以这种方式吃几口，完全沉浸在吃的体验中。

和其他冥想一样，你的思维有时会走神。当你注意到自己走神了，就把它拉回到与吃有关的感官上。

当你完成后，安静地坐着，闭上眼睛几分钟，注意你的呼吸，注意你身体的感觉。当你准备好时，睁开眼睛，以任何你觉得能让身体舒服的方式伸展。

你注意到正念饮食与平时进餐有什么不同吗？当人们放慢进食的速度并仔细观察这个过程时，大多数人都会对进食过程中的香味、味道和肌肉运动的复杂性感到惊讶。

放慢进食速度有很多好处。首先，当你专心吃饭时，你会从这种体验中获得尽可能多的乐趣。留意日常的小确幸将有助于平衡你对生活中难处的关注度。

　　另一个好处是：放慢你的进食速度，可以帮助你吃得更健康。我们都有过吃得过饱的时候，通常发生这种情况，是因为你的大脑需要几分钟才意识到你的胃已经饱了。如果你吃得太快，你就会在大脑接收到吃饱的信号之前就已饱腹。慢下来可以让你的身体有机会识别和传达你已经吃得够多了的信息。

　　在学习了正念饮食之后，我的学生经常对我说："哇，真是太慢了。用正念饮食吃一顿饭的时间就像是永恒。"这实际上并不是永恒，永恒是很长的一段时间。不过正念饮食确实需要比较久，如果你愿意，你可以尝试一下，看看在完全意识到整个体验的情况下享受一顿饭是什么感觉。

　　当然，你不需要专心地吃完整顿饭来获得正念饮食的好处。为了放慢吃东西的速度，你可以在每吃一口的时候放下叉子，这个简单的动作会把你的注意力完全引到嘴里的味道上。或者，试着带着完全的正念去吃每顿饭的第一口，或者试着用这种意识去喝你早晨的第一杯咖啡。看看你是否注意到在饮食方式上哪怕有一点点的改变都能带来好处。

命名情绪

在第 13 章中，你学习了如何命名念头。现在我们来学习把感受添加到所命名的念头中。回顾一下，当念头（文字或画面）出现在你脑海时，你通过觉察并给它命名，然后把注意力重新集中到呼吸上。如果你注意到这些想法的内容大多是计划、评判或担忧，你可以用这些词来描述你的想法。或者你也可以选择任何其他的词来使用，只要你不太纠结于该用什么标签。

如果你一直在练习给你的想法命名，你可能会注意到有些想法一直在来来去去。他们不断地出现，有时会引起不适和紧绷感，你可能开始感到沮丧，希望自己能阻止这些想法。通常，这些类型的想法是由强烈的情绪引起的。

有些人的情绪是强烈的、持续的和令人窒息的，另一些人则根本难以察觉和识别自己的情绪。情绪通常是身体上的生理感觉，比如胃里的疙瘩、胸部的压力，或者脸上以及四肢的刺痛和温度变化。你的感觉会产生想法，而这些想法，往往充满了关于情绪的内容，会与情绪本身混在一起。例如，假设你的室友把他的东西扔得到处都是，这让你对他很生气，你的大脑会产生他是多么混蛋的想法。这些文字或画面——这些想法——都是关于他是个混蛋的。

情绪是当你对愤怒做出反应时，你的神经系统在你身体中产生的感觉。

就像你不能通过紧紧地盖住锅盖让锅停止沸腾一样，你也不能通过压制充满情绪的想法让它们停止沸腾。如果你想让一壶水停止沸腾，你必须把火关小，同样的道理也适用于情绪沸腾的心。将平和、冷静的觉察带到激发思维模式的情绪中，通常会减缓沸腾的速度。觉知到这种感觉并给它命名，带着好奇心观察它，这样情绪的能量就会消散。当你把注意力转回到呼吸上时，你并没有把这种感觉压下去或赶走，你只是转移了你的视线。这种感觉可能很快就会再次引起你的注意，但没关系。

当你冥想时，任何情绪都可能出现。如果你察觉到一种情绪，你可以直接给它命名"情绪"，或者如果你很清楚自己的情绪是什么，你可以给它更具体的命名："恐惧""愤怒""快乐""悲伤""后悔""满足"。如果你不清楚你正在体验的是什么，就给它命名"困惑"，然后迎接它。当你继续像科学家一样观察你心的运作时，你将学会辨别你各种情绪状态之间的差异。

命名情绪的冥想

你可以按照这些指导来做命名情绪的练习。

命名情绪练习

练习命名情绪时，你可以坐下来，并设置至少十分钟的计时器。开始的时候就像命名念头一样，首

关注公众号，回复"dlyp"，
免费获取本书练习音频

先找到呼吸，让你的注意力集中在那里。如果你留意到一些念头，不与它们斗争或评判，只要给它们命名，然后把注意力转移到你的呼吸上。

是否有一些强烈的念头不断出现？如果是的话，你能注意到这些念头之下是什么吗？你能察觉到某种情绪吗？你能把它带入完全的觉知，并注意到它在你身体里的位置吗？通常我们可以在我们的胸腹之间感受到情绪的所在。注意情绪本身的感觉和由情绪产生的念头之间的区别。

当你觉察到这种情绪时，给它命名"情绪"。如果这种情绪对你来说非常清晰，那就更精确地给它命名："愤怒""快乐""恐惧""满足"，或者任何看起来最接近的词汇。试着检查你是在留住这种感觉不放，还是在驱赶它离开。看看你是否能创造出足够的空间去接受，甚至是迎接这种感觉，而不是试图去改变它。

无论你现在的感觉是愉快的还是不愉快的，都是暂时的。如果你能允许你的觉察心将它们包含在你的觉知中，而不对它做出反应，你就能看到情绪强度的转移和变化。

情绪是非常有趣的，所以你可以像科学家一样客观地观察它们，直到它们消失或者你准备把注意力转回到呼吸上的时候。

继续以这种方式，培养好奇心和耐心，直到你的冥想计时器响起。最后，深呼吸，睁开眼睛，用任何你觉得舒服的方式轻轻伸展你的身体。

学习识别、命名和感知自己的情绪是一项需要培养的宝贵技能。进行这种冥想可以帮助你改变你与情绪的关系，使你不那么害怕和逃避这些情绪，从而更少地被它们控制。学会识别和处理自己的情绪是建立更健康人际关系的重要组成部分，我们将在下一章讨论这个话题。但首先，请你花点时间练习觉察自己的情绪。

停一停

觉察和接纳最强烈的情绪需要非常强大的正念肌肉。把一些细微的情绪拿出来进行练习是有帮助的，学会感受你身体里的情绪并识别它，把它从思考心的解读中分离出来。花点时间来探索你的情绪。闭上眼睛坐着，留意你的呼吸，然后把你的觉知带入你的身体。你有没有察觉到某种情感的信号？也许你注意到了一种细微的情绪，比如无聊或满足？有时候，你会先注意到念头本身，然后再去寻找念头背后的搅动人心的情感。尽可能对情绪带来的身体觉知保持好奇。练习用好奇和同情心来觉察这种情绪。慢慢深呼吸，围绕这种感觉展开，给它足够的空间。注意它是否移动或变化。试着不去把它带进来，也不要推开它，接受它本来的样子。让任何关于情绪的念头沿着你思绪的河流继续流动。这个练习你可以想花多长时间就花多长时间。

最后两种冥想完善了你的正念练习合集，现在你已经学习了十种不同的冥想技术，正从中培养自己最喜欢的、最能引起你共鸣、最有用的那些。花点时间来练习最后这两个技能，看看你能否把它们融入你崭露头角的正念练习中。

第十八章

把正念带入关系中

我们的幸福很大程度上取决于和朋友、家人、爱人和同事之间关系的数量和质量，人际关系很重要，人类需要关系。我们已经进化到依赖于我们与他人的联系而生存了，就像我们的祖先如果被赶出洞穴就不太可能繁衍下来一样，我们生活中的幸福和成功很大程度上取决于我们形成健康依恋关系的能力。

无论你是在建立新的关系还是加深现有的关系，你的正念技能都将是有用的。在关于幸福的那一章中，我们探索了正念如何提升你天生的仁慈品质，让你变得更善良、更有耐心、少一些自私——这些改变将提高你与他人相处的能力。正念的其他方面，比如学会活在当下，能帮助你更好地倾听、更深思熟虑地说话、更细心地管理自己的情绪反应，也会增强你的人际关系。所有这些因素加在一起，就能形成更健康、更令人满意的关系。

想一想 ─────────────────────────────

　我知道人们会忘记你说过的话、你做过的事，但他们
永远不会忘记你带给他们的感受。

——马娅·安杰卢

保持正念，减少不自知

不自知很难说清，但做起来却很容易。许多有问题的
关系是不自知造成的。

不自知的情绪暗流

当我们对自己的内在情绪状态一无所知时，不自知就
会导致冲突。不舒服的情绪，如嫉妒、愤怒和怨恨，都是
人类关系的正常组成部分。就像天上的旋风一样，破坏性
的言语或行为是由我们暴风雨般的情绪所导致的。你是否
曾经在学校或工作中遭遇不顺后和别人打架？曾经因为自
己的问题责怪过你的伴侣或室友吗？你曾经因为不愿承认
自己的错误而失去朋友吗？

我们都做过这样的事情，通常是因为我们根本没有觉察

174

到自己内心的情感过程。我们会形成强烈影响自己行为的反应模式，如果不多加留意，它们会对我们的关系产生有害的影响。正念帮助我们在完全觉知的情况下保持自己的情绪反应和模式，这给了我们机会来决定如何在当下应对。

例如，我知道我在累的时候会感到烦躁，我的脑子会快速生成对我家人的批评。如果我不保持觉知，这种消极情绪会导致我挑起矛盾。当我休息得很好的时候，很少会想这样的问题。我对这种模式的认识让我意识到，在脑海中盘旋的那些自以为是的批评，是我疲劳的映射，而不是我爱的人的固有错误。因此，当我发现自己的牢骚越来越多时，我试着把它们当成朋友，告诉自己该休息一下了。

不正念的"正确"

你是否见过写着"你喜欢正确还是喜欢快乐？"的车贴？很多时候，尤其是在冲突中，我们把所有的精力都放在正确性上，而牺牲了快乐。

分歧的出现经常是因为两人对同一话题有不同的看法。一个人会有自己的感觉和想法（脏盘子永远不应该留在桌面上！），而另一个人则不同（过会儿再把所有东西都清理干净会更有效率）。做事情没有"正确"的方式，但在事情正发生时你肯定觉得有，特别是当你手头的问题引发强烈情绪的时候。

像这样的争吵其实是关于事项的优先级或观点的不同。试图说服你的伙伴，以让他用和你相同的方式感受或思考将会是徒劳的。在这种情况下，承认你们观点的不同，并把精力投入到当下采用谁的观点，会更有帮助。首先，你必须放弃这样的想法：别人和你的想法不同，所以他们是错误的；然后，你就可以着手解决问题并达成妥协。有没有什么中庸之道能让你们都得到自己想要的？你们能轮流得到想要的，并优先考虑每个人最在意的问题吗？你不必同意，你只需要尊重对方的感受和意见。

停一停

有时我们需要说出艰难的事实，但有时我们会脱口而出伤人的话，无益地发泄我们的愤怒、嫉妒或怨恨。有时我们只是紧张地用闲言碎语填满沉默的空隙。如果我们不留心，我们无心的话会无意中损害我们最重要的关系。

佛教冥想和印度教瑜伽传统强调"正确说话"的重要性，这本质上是强调我们要对所说的话深思熟虑，尽最大努力不使我们的话造成不必要的伤害。语言，不像你的宠物狗，一旦它们溜出去就不能再回来，所以在你放它们出来之前仔细考虑是很重要的。为了练习正确的说话，可以尝试以下方法：

在你开口说话之前，花点时间问问自己，你要说的话是否属实（你可能会惊讶你说的不全都是真的），是否必要（真的需要说吗？），是否友善（即使是不同意也可以善意地表达），是否在合适的时机（筋疲力尽的朋友可能不处于听取反馈的最佳状态）。如果你要说的话不符合这些标准，也许你应该稍等一下，调整你讲话的内容和方式，或者只是深呼吸，让说话的冲动完全消失。

想一想

我们的语言很有力量，它可以是破坏性的，也可以是启发性的，可以是无聊的八卦，也可以是充满爱的交流。当我们说真话和有用的话时，人们就会被我们吸引。正念和诚实会让我们的头脑更加平静和开放，让我们的心更加快乐和平和。

——杰克·康菲尔德（Jack Kornfield）

多听少说

有时候，当我应该听我伴侣说话的时候，我其实只是在准备反驳他提出的任何观点，思考为什么我是对的，而他是错的。这种急于辩驳的做法，阻碍了我真正理解他想要说的任何东西，从而阻碍了真正的交流，我很确定我不是唯一一个这么做的人。

有一种被称为深度倾听的正念练习有助于改善沟通。乔治·芒福德将深度倾听描述为"不加评判和建议，停下来倾听的做法"。当你认真倾听的时候，你就会倾听别人在说什么，尽可能地排除掉你脑海中浮现的所有假设和论点。如果你听得深入，你就更有可能真正听到和理解对方所说的内容，这是有效沟通的关键部分。

练习提示：和所有正念技术一样，你可以通过练习来培养深入倾听的能力。在你的下一次冥想中，打开你的觉察心去观察你周围的声音。注意附近和远处的声音，试着不要抓住他们不放，也不要把他们推开，只要不加分辨地听着即可。当念头和反应出现时，带着好奇心去留意它们，然后把你的注意力转回到你耳朵能听到的声音上。

之后，看看你能否在下次谈话中，保持类似这样不加评判的觉知。对自己当下的体验保持好奇，当你主动放下那些渴望表达的念头时，你就能让自己完全敞开，去聆听你与他人正在交流的内容。

回应多一些，反应少一些

正念的最大好处之一，就是它能让你深思熟虑地做出回应，而不是在发生了什么事情时冲动地做出反应，从而引发突如其来的强烈情绪爆发。拥有调节自己反应的能力，有助于抑制诸如路怒症和情绪性暴饮暴食等问题，这对处理人际关系中的困难时刻尤其有价值。

我们都经历过这样的时刻：当有人说出伤及我们最敏感的内心的话时，我们会感到一阵强烈的情绪。马上，我们脱口而出尖刻的言语，让情况变得更糟，事后则会后悔不已。

正念可以帮助你在情绪波动和话语爆发之间打开一个微小的空间。你的觉察心可以溜进那个空间，感受你身体里的情绪，看到反应的冲动，并对其他的回应选择保持觉知。在你做任何事情之前，做几次深呼吸，可以让你有机会更深思熟虑地回应——或者根本不回应。在情绪紧张的时刻保持觉知，可以改变你与家人、朋友、爱人和老板的关系。

莫娜（Mona）这样描述她的经历：她在做回应之前做了几次深呼吸，避免了和好朋友贾丝明（Jasmine）的争吵。贾丝明很生气，因为莫娜请妹妹住进来，却没有事先和贾丝明说清楚。莫娜说："我没有像往常一样充满戒备地反击，而是吸了一口气，等了一会儿。等我冷静下来，我意识到她说得有道理，所以我就这么告诉她了。然后我们平静地谈了谈我们的感受，这比我们平时的大吵大叫好多了。"

赞美多一些，批评少一些

有一个很有用的建议：如果赞美和批评的比例保持在 5:1，你会更快乐，你的人际关系也会更融洽。这还意味着，你需要确保对你的每一个抱怨或批评都附加五个善意、感激或令人满意的评价。没错，五件好事换一件刻薄的事。如果你有 100 个抱怨，只要你能与 500 个赞美相平衡就行了。（参见下面的科学笔记。）

用这个公式来处理你所有的人际关系：老板、员工、老师、室友、爱人、母亲、兄弟、朋友等每一个人。如果你能做到这一点，你的人际关系会更健康，你也会更快乐。

刻意地发现你周围人的优点是一种有效的正念练习。因为我们大脑中强大的负面偏好——相较于正面信息，我们更易关注负面信息——使我们更容易注意到别人身上我们不喜欢的地方，而非我们喜爱之处。你必须完全专注在你的正念游戏中，才能平衡这种负面偏好，并采取那些令人愉快、有趣和友善的互动方式。

一旦你开始注意到好的一面，下一步就是真正地分享爱，这可能会异常困难。埃德（Ed）笑着分享他如何赞美吹毛求疵的室友的经历：

"自从我们讨论赞美如何改善人际关系以来，我一直在努力每天至少赞美我的室友一次。这很困难，因为他总是抱怨，这让我抓狂。

一开始我几乎想不出说什么——我的意思是，这家伙超级烦人。最后我想，嗯，他确实有很好的个人卫生习惯，这对室友来说真是一件好事，但这样说太奇怪了。然后我想，我可以给他一些赞美，因为他早上能保持安静让我睡觉。要对他说句好话太难了，感觉就像，我不知道，向他屈服了。最后，我说，'嘿，伙计，我真的很感谢你早上这么安静，这真是太好了，我以前的室友总是把我吵醒'。他有点奇怪地看着我，我觉得自己像个白痴。

第二天，他让一个路过的朋友给我捎了个口信，我转告他非常感谢他这么做。这似乎一天比一天容易了。我发誓，我不再那么生他的气了。他看起来也更冷静了，好像我对他说好话让他对我更好了。所以情况都变好了，这真的很酷。"

学会看到别人的优点并大声说出来，这是一项伟大的技能，可以有助于你所有的人际关系。这在你最亲密的关系中尤其有价值，你可能认为你的伴侣知道你认为她有多聪明、多有魅力、多有趣，但如果你不明确地告诉她，她可能会觉得只有当你抱怨或唠叨时，她才会听到你说话。记住，她也有负面偏好，这就是为什么她需要听到五种爱慕的表达来弥补每一次埋怨或抱怨。

除非我们用额外的赞美来平衡抱怨，否则随着时间的推移，怨恨会积累起来，侵蚀我们保持关系的基础。我们大声说出感激之情，有助于提醒我们在朋友、爱人和家人身上我们重视着什么，也让他们感到被重视。

科学笔记：约翰·戈特曼（John Gottman）多年来一直在西雅图华盛顿大学的实验室里研究已婚夫妇关系。通过观察夫妻之间的分歧，跟踪他们解决冲突的方式，他开发出了预测哪种关系更持久的模型。在实验室里，他拍摄了夫妻们讨论关系中的问题的过程。然后，他和同事们统计了负面评论（如抱怨、防御和批评）和积极评论（如幽默或赞同）。戈特曼发现，冲突的总数量是无关紧要的。一段稳定快乐的关系可以有任何数量的冲突，只要积极和消极互动的比例至少是 5：1。

想一想 ————————————————————————

　　养成说出赞美的习惯，现在就开始吧。给下一个你看到的人一个真诚的赞美，发现你欣赏他的地方，然后告诉他。在接下来的一个星期里，每天做三次。可以是同一个人，也可以是不同的人。享受其中的乐趣并尽量有创意，同时对被赞美者的感觉保持好奇。

————————————————————————————————

　　将正念带入你的人际关系中可以帮助你建立真诚的、支持性的关系——这种关系是我们都需要的，它能帮助我们渡过难关，并在转危为安时分享我们的快乐。

　　冥想练习能让你识别你的感受，而不是立即对它们做出反应，这会改善你所有的人际交往。现在花几分钟来练习命名情绪。

　　在接近本书的结尾时，是时候反思你的正念练习了，并考虑你与正念的下一步该怎么走。

正念适合你吗

现在终于到了评估你正念体验的时候了。在序言中，我邀请你在阅读这本书的过程中尝试练习正念，直到最后才考虑它是否有用。既然你一直与我一起，学习书中的正念技术和冥想，你现在可能有了一些可以分析的数据作为依据，那我们就来看看。

你发现了什么

自探索开始，你注意到你的生活有什么变化吗？你处理压力的方式有微妙的改变吗？你是否注意到，面对以前会让你苦恼的情景，你的反应变得更加平静了？你是不是对自己和他人都更有耐心了？你是否对自己心的运作方式有了什么独到的见解？你注意到幸福的种子开始发芽了吗？你的人际关系有什么变化吗？尽可能诚实地回答这些问题。

如果已经有了一些进步的迹象，那么无论如何都要坚持锻炼你的正念肌肉。如果你没有注意到任何变化，你可能还在疑惑正念到底有什么用。我不清楚为什么正念吸引了一些人，而另一些人却对它没什么兴趣。有人说，你必须经历足够的痛苦才能看清使你远离痛苦的道路，也许这话有一定道理。就我个人而言，我很快就迷上了它，因为我几乎立刻就能看到进展，比如减少了对未来的担忧，增加了对生活的享受。这足够让我有动力坚持下去，即使这并不容易。如果你像我一样，渴望继续探索，我对你下一步可以做什么有些建议。

下一步是什么

我怀疑你们中的许多人，我的读者，会决定搬到山中的洞穴里，把你们的生命奉献给你心的修炼，最终达到完全的觉醒。不过值得注意的是，通常年轻人有足够的自由和好奇心去国外旅行，与一位大师共事数年，以探索他们思想的深处。尽管有此可能，但或许你更有可能想要逐步扩展你的练习，所以让我们考虑一下你如何做到这一点。

（1）参加一个课程或加入一个小组：我们现在周遭的文化是一种反正念的文化，强调行动而不是感受，强调一心多用而不是一次只专注于一个时刻。和那些对正念有共同兴趣的人在一起，会让你的旅程更容易。

我的第一位冥想老师杰夫·布兰特利告诉我，如果我真的想学习正念，我需要和一群冥想的人一起。他带我去了一个小组，我每周三晚上都和这个小组一起练习正念，就这样一直坚持了差不多二十年。那群人是我事业取得进步的唯一原因。如果没有那群冥想伙伴，我不可能坚持下来。

如果你刚刚完成了一个 Koru 基础课程，你可以注册下一个 Koru 课程——Koru 2.0。如果你身边没有 Koru 老师，不用担心——附近可能有其他类型的正念小组或课程。在搜索引擎上查查有哪些团体，然后鼓起勇气试一试。几乎每个人在首次加入一个新团体时，都会感到紧张或不舒服，留意你的不安，但无论如何都要去参加，在你得出是否合适的结论之前参加三次。第一次去我最终加入的冥想小组时，我感到尴尬和不安，我怀疑它对我来说永远不会是一个舒适的空间。如果我在第一次参加之后就对这个团体下定了最终结论，我就不会再去了。到第三次时，我对它带给我的帮助有了更好的认识。

如果你找不到附近的正念小组，那就说服几个朋友加入你自己的小组。计划每周见面一个小时或更长的时间，利用这段时间一起冥想，学习更多关于正念的知识。一个有效的方法是先进行 20 到 30 分钟的冥想，然后一起读 20 到 30 分钟的书或听关于正念的播客，最后一起讨论。让朋友帮助你坚持每周冥想的意愿是支持你练习的好方法。

（2）参加一个静修营：在有组织的静修环境中进行长时间的冥想是最好的方式，它可以帮你看到你生活中正念的潜力。

正念冥想的静修营通常是在止语中进行的，坐禅和行禅穿插进行。打断冥想的通常只是那些美味的、正念的食物和老师们富有启迪的讲话。静修时间短则半日，长则数月，通常是三到七天。

我知道连续几天止语冥想的想法听起来很可怕。我记得当我第一次从参加过的朋友那里听说静修营的时候，我告诉他们，这听起来很糟糕，我永远不会尝试这个。但正如我母亲常说的，你说得越少，你食言的次数越少。我曾经对静修表现出的强烈厌恶，是我不得不食言的又一件事。

多年来，我做过很多次静修，有些对我来说比较有挑战性。我第一次的三天静修非常艰难，整个过程中我都很不安，很挣扎。我第一次的七天静修是一次最令人惊奇、最令人兴奋的经历。我记得在冥想结束时，我和另一位冥想者聊天，他告诉我，在冥想开始之前，他从来没有冥想过哪怕一分钟。他选择了静修，放弃了在大峡谷漂流的机会。

他的结论是，他作出了正确的选择，他说，这种改变意识的静修体验是比任何漂流旅行都更疯狂的冒险。

（3）持续学习：找一位老师，读书，听播客，访问网站，去听关于正念和冥想的讲座。你对这个话题探索得越多，你就会越有动力继续练习。你练习得越多，受益就越多，这反过来也会带来更多的探索和成长。

我希望你能采纳这些建议并付诸实践，坚持正念练习，这样你就会在生命中这看似很多却又有限的日子里，带着更强的觉知来生活。无论是简单地通过每天几分钟正念呼吸来管理你的压力，还是花很多时间探索你的觉知深处，正念都为你提供了更轻松、更有意义生活的可能性。在更多的时间流逝之前，尽情地去拥抱生命的奇妙吧。

第二十章

造福他人

每次冥想结束时，我都会双手放在胸前，保持祈祷的姿势，默默地对自己说："愿我的修行能造福他人。"我想我是在多年前约瑟夫·戈尔茨坦（Joseph Goldstein）主持的一个静修营上学到这一点的。这样做让我感觉到自己与他人和世界的连接，这种连接的感觉随着我的冥想练习逐步增强，我也渐渐地更加深切地认识到，这个世界上每个地方的每一个人都有一个共同的需求：减少痛苦。

虽然我离完美还很远，但我知道我的冥想练习让我在生活中更轻松一些，也能给予别人更多一些。我相信我的实践让我变得更善良、更智慧了。我想我能更好地从生活的琐碎中发现幽默，认可差异，原谅缺点。虽然这可能只是一厢情愿的想法，但在我看来，我自己的这些小改变会在世界上产生微小的涟漪，让别人的生活变得更轻松，而别人又会让更多的人的生活变得更轻松，以此类推。当然，我也会从这些小涟漪带来的许多回流中受益。

当我女儿还小的时候，我们经常读一本图画书，讲的是一只母鸡把一个鸡蛋给了她正在伤心的朋友小猪。小猪对母鸡的慷慨非常感激，他把礼物转给了另一个需要帮助的朋友，以此类推。在故事的最后，鸡蛋回到了最初把它给予出去的母鸡身边。后来，当这个鸡蛋孵化成一只可爱的小鸡时，母鸡受益于她曾经开启的慷慨和善良的链条。也许我们体贴和慷慨的行为可以创造积极变化的链条，就像小礼物不停地从一个人传递给另一个人。

作为一个年轻人，你会有很多年的时间来观察积极变化所带来的影响，它会随着时间的推移而增长。在你20多岁的时候，即使是你人生历程中的一个小转变，也会给你的整个人生轨迹带来长远的好处，不仅对你自己，也会惠及你身边的人。

小的变化产生大的影响，这个想法让人充满了希望。我喜欢看一个小小的多米诺骨牌如何引发一系列复杂的活动，最终产生了一个像是把门打开这样简单的预期结果。也许，我们积极的言行会产生多米诺骨牌效应，引发世上的一系列活动，最终为所有人打开一扇通向更加美好世界的窗户。

感谢你和我一起踏上这段旅程，愿你的练习带给你惊喜和成长，愿你的实践能够造福他人。

走进正念书系

STEP INTO
MINDFULNESS

国内罕见的正念入门级书系
简单、易懂、可操作
有效解决职场、护理、成长中的常见压力与情绪难题

ISBN：978-7-5169-2430-3
定价：55.00 元

从 0-1，
正念比你想得更简单

走进正念书系

STEP INTO MINDFULNESS

愿我们在动荡而喧嚣的世界中，
享有平静、专注和幸福

ISBN：978-7-5169-2537-9
定价：69.00 元

每个年轻人必读的
减压实操指南

ISBN：978-7-5169-2522-5
定价：79.00 元

享有职场卓越绩效
非凡领导力和幸福感

ISBN：978-7-5169-2526-1
定价：79.00 元

有效提升绩效及能力的
职场必备实操指南

ISBN：978-7-5169-2430-3
定价：55.00 元

从 0-1，
正念比你想得更简单

ISBN：978-7-5169-2429-7
定价：55.00 元

在生命的艰难时光中，
关爱与陪伴